养宝宝

燕 南 编著

SO EASY

吉林出版集团
时代文艺出版社

图书在版编目（CIP）数据

养宝宝 SO EASY / 燕南编著. — 长春：时代文艺出版社，2010.8

ISBN 978-7-5387-3145-3

Ⅰ．①养… Ⅱ．①燕… Ⅲ．①婴幼儿－哺育－基本知识 Ⅳ．①TS976.31

中国版本图书馆CIP数据核字 (2010) 第165252号

出 品 人　张四季
责任编辑　曾艳纯
图书策划　包　侠
封面设计
装帧设计　　斋　自行斋

养宝宝 SO EASY

燕南　编著

出版发行/吉林出版集团 时代文艺出版社

地址/长春市泰来街1825号　吉林出版集团 时代文艺出版社　邮编/130062

总编办/0431-86012927　　发行科/0431-86012939

网址/www.shidaichina.com

印刷/北京画中画印刷有限公司

开本/787×1092毫米　1/16　字数/148千字　印张/17

版次/2010年9月第1版　印次/2010年9月第1次印刷　定价/30.00元

目录
Contents

第一章 宝宝出生前的准备

一、和妈妈有关的话题

孕期饮食 ………………………………… 1

孕期检查 ………………………………… 8

孕期心理 ………………………………… 13

分娩方式 ………………………………… 15

二、和宝宝有关的话题

该为宝宝准备些什么 …………………… 17

如何购买婴儿用品 ……………………… 20

第二章 宝宝出生后0~1个月

一、本月特别关注

新生儿黄疸 ……………………………… 23

给婴儿洗澡 ……………………………… 24

婴儿吐奶 ………………………………… 24

婴儿抚触 ………………………………… 25

二、和妈妈有关的话题

产后饮食与保健 ………………………… 25

如何喂养 ………………………………… 31

营养食谱 ………………………………… 33

1

为宝宝做些什么？·························· 34

妈妈常见的问题·························· 35

三、和宝宝有关的话题

宝宝成长指标·························· 39

宝宝常见的问题·························· 41

亲子互动游戏·························· 49

第三章
宝宝1个月

一、本月特别关注

室外空气浴·························· 52

宝宝体检·························· 53

产后抑郁症·························· 53

囟门·························· 54

二、和妈妈有关的话题

如何喂养·························· 54

营养食谱·························· 56

为宝宝做些什么？·························· 57

妈妈常见的问题·························· 58

三、和宝宝有关的话题

宝宝成长指标·························· 62

宝宝常见的问题·························· 63

亲子互动游戏·························· 65

第四章
宝宝2个月

一、本月特别关注

婴儿哭闹·························· 69

婴儿湿疹·························· 70

婴儿臀部护理·························· 71

婴儿便秘·························· 71

二、和妈妈有关的话题

如何喂养 ·························· 72

营养食谱 ·························· 73

为宝宝做些什么？ ·················· 74

妈妈常见的问题 ···················· 75

三、和宝宝有关的话题

宝宝成长指标 ······················ 78

宝宝常见的问题 ···················· 80

亲子互动游戏 ······················ 82

一、本月特别关注

婴儿的睡眠 ························ 85

婴儿被动操 ························ 86

纸尿布的使用 ······················ 87

上班前的准备 ······················ 87

二、和妈妈有关的话题

如何喂养 ·························· 88

为宝宝做些什么？ ·················· 90

妈妈常见的问题 ···················· 91

三、和宝宝有关的话题

宝宝成长指标 ······················ 92

营养食谱 ·························· 94

宝宝常见的问题 ···················· 95

亲子互动游戏 ······················ 98

第五章

宝宝3个月

3

第六章 宝宝4个月

一、本月特别关注

和宝宝的语言交流 ·············· 101

夜啼 ·············· 103

宝宝吃手 ·············· 105

认生 ·············· 105

二、和妈妈有关的话题

如何喂养 ·············· 108

为宝宝做些什么？ ·············· 109

妈妈常见的问题 ·············· 110

三、和宝宝有关的话题

宝宝成长指标 ·············· 112

营养食谱 ·············· 114

宝宝常见的问题 ·············· 115

亲子互动游戏 ·············· 116

第七章 宝宝5个月

一、本月特别关注

婴儿贫血 ·············· 118

宝宝长牙 ·············· 120

婴儿感冒 ·············· 121

婴儿腹泻 ·············· 121

二、和妈妈有关的话题

如何喂养 ·············· 122

为宝宝做些什么？ ·············· 124

妈妈常见的问题 ·············· 125

三、和宝宝有关的话题

宝宝成长指标 ·············· 126

营养食谱 ·············· 128

宝宝常见的问题 ································· 129

亲子互动游戏 ································· 135

第八章 宝宝6个月

一、本月特别关注

幼儿急疹 ································· 138

护理宝宝的牙齿 ························· 139

断奶 ···································· 139

婴儿患中耳炎 ·························· 140

二、和妈妈有关的话题

如何喂养 ································· 140

为宝宝做些什么？ ····················· 142

妈妈常见的问题 ························· 143

三、和宝宝有关的话题

宝宝成长指标 ·························· 146

营养食谱 ································· 148

宝宝常见的问题 ························· 149

亲子互动游戏 ························· 152

第九章 宝宝7个月

一、本月特别关注

宝宝的睡姿 ···························· 156

训练宝宝使用杯子喝水 ··············· 159

训练宝宝爬 ···························· 162

宝宝家居安全 ·························· 165

二、和妈妈有关的话题

如何喂养 ································· 166

为宝宝做些什么？ ····················· 167

妈妈常见的问题 ························· 168

5

三、和宝宝有关的话题

宝宝成长指标 ·································· 170

营养食谱 ····································· 172

宝宝常见的问题 ······························· 173

亲子互动游戏 ································· 177

一、本月特别关注

为宝宝选玩具 ································· 180

给宝宝喂药 ··································· 183

异物隐患 ····································· 183

宝宝出汗 ····································· 185

二、和妈妈有关的话题

如何喂养 ····································· 186

为宝宝做些什么? ···························· 187

妈妈常见的问题 ······························· 189

三、和宝宝有关的话题

宝宝成长指标 ································· 190

营养食谱 ····································· 192

宝宝常见的问题 ······························· 193

亲子互动游戏 ································· 197

一、本月特别关注

宝宝恋物 ····································· 200

为宝宝选衣服 ································· 201

让宝宝自己吃饭 ······························· 202

培养宝宝与别人交往 ·························· 206

第十章 宝宝8个月

第十一章 宝宝9个月

二、和妈妈有关的话题

如何喂养……………………………………… 206

为宝宝做些什么？……………………………… 208

妈妈常见的问题………………………………… 209

三、和宝宝有关的话题

宝宝成长指标…………………………………… 212

营养食谱………………………………………… 214

宝宝常见的问题………………………………… 215

亲子互动游戏…………………………………… 219

第十二章

宝宝10个月

一、本月特别关注

宝宝磨牙………………………………………… 222

帮宝宝出行……………………………………… 223

学步车的使用…………………………………… 223

制止宝宝的不好行为…………………………… 225

二、和妈妈有关的话题

如何喂养………………………………………… 226

为宝宝做些什么？……………………………… 228

妈妈常见的问题………………………………… 229

三、和宝宝有关的话题

宝宝成长指标…………………………………… 230

营养食谱………………………………………… 232

宝宝常见的问题………………………………… 233

亲子互动游戏…………………………………… 235

第十三章 宝宝六个月~12个月

一、本月特别关注
为宝宝准备生日 …………………………………… 239

宝宝排便训练 …………………………………… 241

宝宝厌食、挑食 …………………………………… 241

宝宝学走路 …………………………………… 242

二、和妈妈有关的话题
如何喂养 …………………………………… 244

为宝宝做些什么? …………………………………… 246

妈妈常见的问题 …………………………………… 247

三、和宝宝有关的话题
宝宝成长指标 …………………………………… 248

营养食谱 …………………………………… 250

宝宝常见的问题 …………………………………… 251

亲子互动游戏 …………………………………… 254

第十四章 关于小儿疫苗接种 …………………………………… 256

第一章 宝宝出生前的准备

一、和妈妈有关的话题

👶 孕期饮食

孕早期饮食——为胎儿储存能量

妊娠早期是胎儿从受精卵经分裂、着床、到各器官分化形成的阶段，而这时，很大一部分孕妇却被妊娠反应所困扰着，食欲不好，吃不下东西又怕影响宝宝的发育。其实完全不用担心，只要和以前一样饮食，保持愉快的心情是不会影响到胎儿发育的。

● 保证优质蛋白

除了孕妇自身因怀孕产生的生理变化需要蛋白质外，这个阶段的胚胎从开始生长发育至胎儿的过程中，也从妈妈身体中汲取蛋白质储存，因此怀孕早期蛋白质的摄入量不能低于怀孕前。

品种：选择容易消化、吸收、利用的优质蛋白质，如畜禽肉类、乳类、蛋类、鱼类及豆制品等。

数量：每天35—40克，相当于主食200克、加鸡蛋1个和瘦肉50克，才能维持孕妇体内的蛋白质平衡。

● 适当碳水化合物

怀孕早期，如果孕妇胃部非常不适，呕吐、不愿吃东西而长时间处于饥饿状态，血液中的酮体就会蓄积，并积聚于羊水中被胎儿吸收，而酮体对胎儿的大脑发育会产生不良的影响。

品种：含碳水化合物的食物，包括面粉、大米、玉米、小米、薯类、食糖、土豆等。

数量：孕妇每天要摄入150克以上的碳水化合物（等于200克粮食）。

● 充足的无机盐和维生素

如果在胚胎早期发育过程中，缺乏某些微量元素，会导致胎儿生长迟缓，骨骼和内脏畸形，甚至导致中枢神经系统畸形。同时，孕妇因为代谢和妊娠反应，应该补充充足的维生素。

品种：含锌、铜、铁、钙等矿物质的食物有畜禽肉类及内脏、核桃、芝麻等；乳类、豆类、海产品等含钙量较为丰富；蔬菜和水果中维生素的含量较高。如果孕妇出现严重呕吐等现象，应多吃新鲜蔬菜、水果等碱性食物。

● 哪些食物宜多食

以简单、清淡、易消化吸收为原则

为适应孕妇的口味，使其食欲增强，烹调时可用少量酸、辣、甜味来提高食物的色、香、味，少用油和刺激性强的调味料。

多食富含蛋白质的食品

怀孕早期虽然胚胎生长比较缓慢，但机体中已经有一定的蛋白质储存。妊娠一个月时，胚胎每日储存蛋白质0.6克。由于早期胚胎缺乏氨基酸合成的酶类，不能合成自身所需的氨基酸，必须由母体提供，所以怀孕早期必须通过食物摄取足够的优质蛋白质。

多食海产品

为保证碘和锌的摄入，孕妇每周至少应吃一次海产品，如虾、海带、紫菜等。

多食牛奶及奶制品

牛奶不但含有丰富的蛋白质，还含有多种人体必需的氨基酸、钙、磷等多种微量元素和维生素A、维生素D等。如不喜欢喝牛奶，可用酸奶、冰淇淋或豆浆代替。

多食谷类食品

谷类食品每日食用不可少于150克，而且品种要多样，要经常粗细粮搭配，尽量食用中等加工程度的米面，以利于获得全面营养和提高食物蛋白质的营养价值。

多食蔬菜和水果

应多选用绿叶蔬菜或其他有色蔬菜，孕妇膳食中绿叶蔬菜应占2/3，蔬菜和水果要选用新鲜的，以保证维生素C的供给。

饮食注意事项

不宜食用油腻、油炸、辛辣等不易消化和刺激性强的食物，以防止因消化不良或便秘而造成先兆流产。

进食时，最好将固体食物与液体食物分开食用，正餐完毕后隔一段时间再喝水或汤；白天尽量不要空腹，空腹时心情往往不好，易恶心、呕吐，所以要常备些点心；呕吐易使体内液体流失而疲倦，所以需要及时补充水分；呕吐严重的孕妇，要及时去医院就诊，通过输液补充营养。

孕中期饮食——为胎儿快乐地"吃"

到怀孕中期，早孕的反应减轻乃至消失，身体较为舒适。同时子宫还不太大，不致使胃部受到压迫，食欲会增加。胎儿开始形成骨骼、牙齿、五官和四肢，同时大脑也开始形成和发育。因此，这怀孕中期的营养是整个孕期最为关键的阶段。

● 增加动物性食品

动物性食品所提供的优质蛋白质是胎儿生长和孕妇组织增长的物质基础，此外，豆类以及豆制品所提供的蛋白质质量与动物性食品相仿，但动物性食品提供的蛋白质应占总蛋白质量的1/3以上。

● 合理烹调，减少维生素损失

怀孕中期对各种维生素的需要增加，因此在选择食物时应注意选择维生素含量丰富的食品，但应避免烹调加工不合理而造成的维生素的损失。高油温炒菜，长时间炖煮都会破坏蔬菜所含维生素。

● 少食多餐

怀孕中期孕妇食欲大振，每餐摄食量有所增加。但随着妊娠进展，子宫进入腹腔可能挤压胃，孕妇每餐后易出现胃部胀满感。对此孕妇适当减少每餐摄入量，做到以舒适为度，同时增加餐饮，每日4—5餐。

● 哪些食物宜多食

全麦制品

包括麦片粥、全麦饼干、全麦面包等。特别是北方的孕妇，把早餐的烧饼、油条换成麦片粥很有必要，虽然会有些不习惯，但麦片可以使你保持较充沛的精力，还能降低体内胆固醇的含量。当然不要买那些口味香甜、精加工的麦片，天然的、没有任何糖类或其他添加成分在里面的麦片最好，可以按照自己的喜好加一些花生米、葡萄干或是蜂蜜。全麦饼干类的小零食，细细咀嚼能够非常有效地缓解孕吐反应，全麦面包可以提供丰富的铁和锌。

蔬菜

做西餐沙拉时不要忘记加入深颜色的莴苣，颜色深的蔬菜往往意味着维生素含量高。甘蓝是很好的钙来源，可以随时在汤里或是饺子馅里加入这类新鲜的蔬菜。对于菠菜，曾有人认为含有丰富的铁质，被当做孕期可预防贫血的蔬菜之一。但最近专家提出菠菜中含铁并不多，而含有大量影响锌、钙的吸收的草酸，所以不要多吃菠菜。花椰菜的好处很多，富含钙和叶酸，有大量的纤维和抵抗疾病的抗氧化剂，还有助于其他绿色蔬菜中铁的吸收。

水果

适合孕妇的水果种类很多，比如经济而又实惠的柑橘，尽管90%都是水分，但富含维生素C、叶酸和大量的纤维，可以帮助孕妇保持体力，防止因缺水而引起的疲劳。香蕉能很快地提供能量，帮助孕妇克服疲劳。如果孕妇的孕吐很严重，吃香蕉则较为容易被自己的胃接受。苹果也是比较适合孕期食用的，每天一个苹果可使宝宝的皮肤白皙。需要注意的是患糖尿病和其他疾病的准妈妈一定要少吃西瓜，因为西瓜含糖量高，会加重准妈妈的病情。

奶、豆制品

孕妇每天应该摄取大约1000毫克的钙，只要3杯脱脂牛奶就可以满足这种需求。酸奶也富含钙，还有蛋白质，有助于胃肠道健康。有些孕妇有素食的习惯，为了获得足够的蛋白质，也可以从豆制品获得孕期所需的营养。

瘦肉

瘦肉富含铁，并且易于被人体吸收。怀孕时孕妇血液总量会增加，为保证供给胎儿足够的营养，因此孕妇对铁的需要就会成倍地增加。如果体内储存的铁不足，孕妇会感到极易疲劳，通过饮食特别是瘦肉补充足够的铁就极为重要。

干果

花生之类的坚果，含有有益于心脏健康的不饱和脂肪。但是因为坚果的热量和脂肪含量比较高，因此每天应控制摄入量在30克左右。杏脯、酸角、干樱桃等干果，方便、味美又可以随身携带，可随时满足孕妇想吃甜食的欲望。

● 哪些食物应忌口

辛辣热性作料

辣椒、花椒、胡椒、小茴香、八角、桂皮、五香粉等容易消耗肠道水分而使胃肠分泌减少，造成胃痛、痔疮、便秘。不少孕妇较喜欢吃酸山楂，但是过量食用可使子宫收缩导致流产，所以要少吃。

有兴奋作用的饮食

孕妇大量饮用含咖啡因的饮料和食品，会出现恶心、呕吐、头痛、心跳加快等症状。还会通过胎盘进入胎儿体内，影响胎儿发育。茶叶含有较丰富的咖啡碱，增加孕妇的心、肾负担，不利于胎儿的健康发育。

甜食

糖类等在人体内的代谢会消耗大量的钙，孕妇在孕期如果缺乏钙，会影响胎儿牙齿、骨骼的发育。过多食用巧克力也不好，这样会使孕妇产生饱腹感而影响食欲，结果身体胖了，而必需的营养素却缺乏了。

味精

味精是平时很普通的调味品，但是孕妇就要注意少吃或不吃。味精主要成分是谷氨酸钠，血液中的锌与其结合后便从尿中排出，味精摄入过多会消耗大量的锌，不利于胎儿神经系统的发育。

人参、桂圆等补品

中医医学认为孕妇多数属于阴血偏虚，食用人参会引起气盛阴耗，加重早孕反应、水肿和高血压等。桂圆性温助阳，孕妇食用后易动血动胎，所以不宜食用。

含有添加剂的食品

罐头食品含有的添加剂和忌口，是导致畸胎和流产的危险因素，所以孕妇要远离罐头食品。油条在制作过程的添加明矾，是一种含铝的无机物，铝可通过胎盘侵入胎儿。

孕后期饮食——为宝宝出生做准备

怀孕晚期是胎儿加足马力，快速成长的阶段。此时的胎儿生长迅速，体重增加较快，对能量的需求也达到高峰。在这期间的孕妇会出现下肢浮肿现象，有些孕妇在临近分娩时心情忧虑紧张，食欲不佳。为了迎接分娩和哺乳，孕晚期孕妇的饮食营养和孕中期相比应有所增加和调整。

● 摄入充足的维生素

怀孕晚期需要充足的水溶性维生素，尤其是维生素B1，如果缺乏则易引起呕吐、倦怠等症状，导致分娩时子宫收缩乏力，延缓产程。所以孕妇要多吃粗粮，因为粗粮中富含维生素B1。

● 供给充足的必需脂肪酸

怀孕晚期是胎儿大脑细胞发育的高峰期，需要补充充足的必需脂肪酸，以满足胎儿大脑发育所需，可多吃海鱼。

● 储备热能

怀孕晚期孕妇的热能供给量与孕中期相同，不需要补充过多，尤其在孕晚期最后1个月，要适当限制饱和脂肪和碳水化合物的摄入，以免胎儿过大，影响分娩。

● 增加钙和铁的摄入

胎儿体内一半以上的钙是在孕晚期贮存的，孕妇应每日摄入1500毫克的钙，同时补充适量的维生素D。胎儿的肝脏在孕晚期以每天5毫克的速度贮存铁，直至出生时达到300—400毫克的铁质，孕妇应每天摄入铁28毫克，可多吃动物肝脏等。

● 增加蛋白质的摄入

怀孕晚期是蛋白质在孕妇体内储存相对较多的时期，其中胎儿约存留170克，母体存留约为375克，这要求怀孕晚期的膳食蛋白质供给比未怀孕时每日增加25克，应多摄入动物性食物和大豆类食物。

● 哪些该吃，哪些不该吃

适宜吃的食物

1、多吃含有丰富胶原蛋白的食品，如猪蹄等，有助于增加皮肤的弹性。

2、多吃鲫鱼、鲤鱼、萝卜和冬瓜等食物，有助于缓解水肿症状。

3、多吃核桃、芝麻和花生等含不饱和脂肪酸丰富的食物，以及鸡肉、鱼肉等易于消化吸收且含丰富蛋白质的食物。

4、多选用芹菜和莴苣等含有丰富的维生素和矿物质的食物。

5、经常吃一些富含碘的食物，如海带和鱿鱼等。

不适宜吃的食物

忌食苋菜等寒凉、对子宫有刺激作用的食物，不能吃霉变的食物，慎食大补类食品。

饮食注意事项

饮食要平衡，适当增加一些副食品的种类及数量。提倡加食鸡蛋，每天1—2个，蛋类富含蛋白质、钙及各种维生素。多吃蔬菜水果、动物的肝脏、海带等，以补充维生素A及维生素C及钙、铁。多吃豆类、花生及芝麻等富含维生素B、C、铁和钙的食品。适当吃些杂粮，如杂和面儿、小米、玉米、补充维生素B。

每日膳食要注意"两搭配，一注重"：两搭配——粗细粮搭配，荤素菜搭配；一注重——注重"早餐吃得好，午餐吃得饱，晚餐吃得少"。

妊娠后，随着怀孕日期的增加，对营养的需求随之加大，到孕后期你可能每日需要进餐5次以上，以"少食多餐"为原则。

不能食过多的脂肪及碳水化合物，严格控制食盐量（5克/天）；及时补充含钙丰富的虾皮、骨头汤、海带、紫菜等，不宜多吃水果，一天一只即可。

😊 孕期检查

孕早期

🔵 0—5周孕期检查

如果超过一周月经没来，就有怀孕的可能。建议先去药店购买早孕试纸自行测试一下，或直接去妇产科，请专科医师为你检查。如果确定怀孕，准妈妈即可马上算出预产期。有妊娠可能性的女性，要注意药物的服用和X光线的照射，事先告知医生已有妊娠的可能性，不可以任意服用市面上所卖的成药。月经比平常来得少，也可作为判别怀孕的可能。若有出血或是茶色分泌物的出现，就要注意，有些人会误以为是下一次月经的来潮。

🔵 5—6周孕期检查

通过超声波检查，大致能看到胚囊在子宫内的位置，若仍未看到，则要怀疑是否有子宫外孕的可能。若无阴道出血的情况，仅需看看胚囊着床的位置。若有阴道出血时，通常是"先兆性流产"，这段时间若有一些组织从阴道中掉出来，就要考虑是否是真的流产。另外，在孕期5—8周间，还可以看到胚胎数目，以确定是否孕育了双胞胎！

🔵 6—8周孕期检查

准妈妈在孕期6—8周内做超声波检查时，可看到胚胎组织在胚囊内，因为超声波检查可看到胎儿心跳、卵黄囊。若能看到胎儿心跳，即代表胎儿目前处于正常状态。此外，在超声波的扫描下，还可以看到供给胎儿12周前营养所需的卵黄囊，这可是胎儿自己所带的一个"小便当"啊！若未看到胎儿心跳，准妈妈可以隔上几天或一周，再赴医院做超声波检查。

● 9—11周孕期检查

若孕妇家族本身有遗传性疾病，可在这个时间段做"绒毛膜采样"。但是，此项检查具有侵入性，常会造成孕妇流产以及胎儿受伤，做之前要仔细听从医生的建议。

● 12周孕期检查

第一次正式产检：领取"孕妇健康手册"，做各项基本检查。大多数准妈妈在孕12周左右开始进行第一次产检，由于此时已经进入相对稳定的阶段，一般医院会给准妈妈们办理"孕妇健康手册"。

孕中期

● 13—16周孕期检查

第二次产检：从第二次产检开始，基本检查包括：称体重、量血压、问诊及听宝宝的胎心音等。准妈妈在16周以上，可抽血做唐氏症筛检（16—18周最佳），并看第一次产检的抽血报告。至于施行羊膜穿刺的周期，原则上是以16—20周开始进行，主要是看胎儿的染色体异常与否。有关体重的增加，以每周增加不超过500克最理想。

● 17—20周孕期检查

第三次产检：详细超音波检查，可看出胎儿性别、首次胎动和假性宫缩的出现等现象。准妈妈在孕期20周做超声波检查，主要是看胎儿外观发育上是否有较大问题。准妈妈在16周时，已可看出胎儿性别、首次胎动，第1胎约在18—20周出现，第2胎则在16—18周会感觉到。

21—24周孕期检查

第四次产检： 大部分妊娠糖尿病的筛检，是在孕期第24周做。先抽取准妈妈的血液样本，做一项耐糖试验，不需要禁食。喝下50克的糖水，等1小时后，再进行抽血，当结果出来后，血液指数若在140以下，属正常；指数若为140以上，就要怀疑是否有妊娠糖尿病，需要再回医院做第二次抽血。此次要先空腹8小时后，再进行抽血，然后喝下100克的糖水，1小时后抽1次血，2小时后再抽1次，3小时后再抽1次，总共要抽4次血。只要有2次以上指数高于标准值的话，即代表准妈妈有妊娠糖尿病。在治疗上，要采取饮食及注射胰岛素来控制，不可口服药物来治疗，以免造成胎儿畸形。

25—28周孕期检查

第五次产检： 此阶段最重要是为准妈妈抽血检查乙型肝炎，如果准妈妈的乙型肝炎两项检验皆呈阳性反应，一定要让小儿科医师知道，才能在准妈妈生下胎儿24小时内，为新生儿注射疫苗，以免让新生儿遭受感染。此外，要再次确认准妈妈前次所做的梅毒反应，是呈阳性还是阴性反应，如此方能在胎儿未出生前，即为准妈妈彻底治疗梅毒。至于德国麻疹方面，准妈妈除了要抽血检验是否曾于怀孕前注射过德国麻疹疫苗，一旦注射过者，检验结果会呈阳性反应。在此特别提醒曾注射过德国麻疹疫苗的女性，由于是将活菌注射于体内，所以，最好在注射后3—6个月内不要怀孕，因为可能会对胎儿造成一些不良影响。

怀孕后期

29—32周孕期检查

第六次产检： 在孕期28周以后，医师会陆续为准妈妈检查是否有水肿现象。因为准妈妈的子宫，此时已大到一定程度，有可能会压迫到静脉回流。所以，静脉回流不好的孕妇，此阶段较易出现下肢水肿现象。准妈妈若要预防水肿的发生，平时可穿着弹性袜，睡觉时将双脚抬高，并以左侧位躺。

33—35周孕期检查

第七次产检： 从30周以后，孕妇的产检是每2周检查1次。到了孕期34周时，建议做一次详细的超声波检查，以评估胎儿当时的体重及发育状况，并预估胎儿至足月生产时的重量。一旦发现胎儿体重不足，准妈妈就应多补充一些营养素；若发现胎儿过重，在饮食上就要稍加控制，以免在生产过程中出现难产。

36周孕期检查

第八次产检： 从36周开始，准妈妈愈来愈接近生产日期。此时所做的产检，以每周检查1次为原则，并持续监视胎儿的状态。此阶段的准妈妈，可开始准备一些生产用的东西，以免生产当天太过匆忙，变得手忙脚乱。由于此时已属怀孕后期，为了避孕早产的发生，应减少性生活次数，并注意性爱姿势。

37周孕期检查

第九次产检： 由于胎动愈来愈频繁，准妈妈宜随时注意胎儿及自身的情况，以免胎儿提前出生。如果运动量不足，每天可以持续做些产前运动。最后阶段仍要注意体重增加的问题，不可摄取过量的盐分，要持续营养均衡的饮食生活。

38—42周孕期检查

第十次产检： 从38周开始，胎位开始固定，胎头已经下来，并卡在骨盆腔内，此时准妈妈应有随时准备生产的心理。有的准妈妈到了42周以后，仍没有生产迹象，就应考虑让医师使用催产素。

15项孕检项目

血常规检查

判断准妈妈是否贫血，正常值是100g/L—160g/L；轻度贫血对准妈妈及分娩的影响不大，重度贫血可引起早产、低体重儿等不良后果。

尿常规检查

检查尿液中蛋白、糖及酮体，镜检红细胞和白细胞等，如果发现有红细胞和白细胞，则提示有尿路感染的可能，需引起重视，如伴有尿频、尿急等症状，需及时治疗。

肝、肾功能检查

检查有无肝炎、肾炎等疾病，怀孕时肝脏、肾脏的负担加重，如肝、肾功能不正常，怀孕会使原来的疾病"雪上加霜"。

血型检查

准妈妈了解自己的血型很重要，如果准爸爸为A型、B型或AB型血，准妈妈为O型血，生出的小宝宝有ABO溶血的可能。

梅毒血清学试验

梅毒是由梅毒螺旋体引起的一种性传播疾病，如果准妈妈患梅毒可通过胎盘直接传给胎儿，有导致新生儿先天梅毒的可能。

艾滋病的血清学检查

艾滋病是获得性免疫缺陷综合症的直译名称，是严重免疫缺陷疾患，病原体是HIV病毒。正常准妈妈HIV抗体为阴性。

淋病的细菌学检查

淋病是由淋病双球菌引起的性传播疾病，通过不洁性交直接传播，也可通过被淋病污染的衣物、便盆等传播，也可通过准妈妈的产道传染给新生儿。

乙型肝炎病毒学检查

病毒性肝炎中，乙型肝炎发病率最高，妊娠早期使早孕反应加重，易发展为急性重症肝炎，危及生命，乙肝病毒可通过胎盘感染胎儿。

丙型肝炎病毒检查

丙型肝炎病毒是丙肝的病原体，75%患者并无症状，仅25%患者有发热、呕吐、腹泻等症状，丙型肝炎病毒也可通过胎盘传给胎儿。

唐氏综合症产前筛查

唐氏综合症产前筛查是用一种比较经济、简便、对胎儿无损伤性的检测方法在准妈妈中查找出怀有先天愚型胎儿的高危个体。

TORCH综合症产前筛查

准妈妈在妊娠4个月以前如果感染了风疹病毒(RV)、弓形虫(TOX)、巨细胞病毒(CMV)这些病毒，都可能使胎儿发生严重的先天性畸形，甚至流产。

心电图检查

这项检查是为了排除心脏疾病，以确认准妈妈是否能承受分娩。正常情况下的结果为心电图正常，如心电图异常，需及时向医生咨询，并作进一步检查。

超声检查

B超检查可看到胎儿的躯体，头部、胎心跳动，胎盘、羊水和脐带等。可检测胎儿是否存活，是否多胎，鉴定是否畸形。

阴道分泌物检查

白带是阴道黏膜渗出物、宫颈管及子宫内膜腺体分泌物。清洁度为Ⅰ—Ⅱ度，Ⅲ—Ⅳ度为异常白带，表示阴道炎症。

妊娠糖尿病筛查

这是一种妊娠糖尿病筛查试验。在妊娠24—28周进行，口服含50克葡萄糖的水，一小时后抽血检测血浆血糖值。

孕期心理

孕妇有孤立的感觉在当今社会是非常常见的，所以不妨参加一些准爸爸妈妈班之类的团体，或在生产课程中认识些新朋友，或问问朋友是否有认识初为人父、人母的年轻夫妻可以吸取经验。在感到孤立的时候，别忘了自己的父母和丈夫，跟他们谈谈，一起去把社交范围拓展开来。

沟通

在怀孕期间想与他人沟通，分享自己的感情和心事是相当自然的。而自己的丈夫是最佳人选，可能他也有很多话急于告诉你。他想跟你谈论的问题可能是一些他认为你可能会觉得很烦、很可笑无知的问题，或是因为你太忙太累而没有时间与他讨论的问题，。忽视自己所担忧的事情并不能解决问题，在你丝毫没有准备的情况下，被压抑的问题也有可能逐渐浮现，突然爆发出来。

处理物质生活的变化

怀孕期间所有你原本能解决的问题，在这个时候反而都变得不可能了。因此应该保持冷静，如果能够解决的话就不要过度反应。

财务

现代婚姻中的头号杀手是财务问题，怀孕期间尤其麻烦。即使你计划产后继续工作，但仍无法改变收入减少的事实。因此，在孩子出世前，应先想好将来如何处理收入的问题。

居住

由于孩子的到来可能使得原本的家庭空间不足，而必须考虑搬家或重新装修家里。这方面的问题在考虑时相当困惑，站在身体的立场上看来不宜搬家，但若非搬家不可，则应在怀孕未进入后期阶段前即行完成。

心理变化

会经常浏览育儿网站或关注报纸的育儿心得，吸取成功妈妈的经验，看她们是怎么生活的；同时准妈妈自己也会发现变得更加有爱心和同情心，更有女人味；而且容易受到伤害，依赖性特别强，这个时候表现得好像特别脆弱。

鉴于以上几点，做丈夫的，在妻子怀孕时，应与妻子一道对小宝宝进行胎教。千万别觉得因为自己工作压力大而不去做这些容易忽视的必修课，最简单的方法是坚持每天对子宫内的胎儿讲话。声学研究表明，胎儿在子宫内最适宜听中、低频调的声音，而男性的说话声音正是以中、低频调为主。因此，爸爸坚持每天对子宫内的胎儿讲话，让胎儿熟悉爸爸的声音，这种方法能够唤起胎儿最积极的反应，有益于胎儿出生后的智力及情绪稳定。

研究发现，没有经过胎教的新生儿，对不熟悉的女性逗乐也会表现出微笑，而爸爸逗乐则反而会哭。这正是孩子从胎儿期到出生后的一段时间里，对男性的声音不熟悉所造成的。为了消除孩子对男性包括对爸爸的不信任感，妊娠5个月后爸爸应对胎儿讲话。应用平静的语调开始，随着对话内容的展开再逐渐提高声音，不能一下子发出高音而惊吓胎儿。

爸爸在开始和结束对胎儿讲话的时候，都应该常规地用抚慰及能够促使胎儿形成自我意识的语言和胎儿讲话。开场白可以是这样："宝贝（或者叫乳名），我是你的爸爸，我叫xxx，我会天天和你讲话，我会告诉你外界一切美好的事情。"爸爸应将每天讲的话题构思好，最好在当天的"胎教日记"中拟定一篇小小的讲话稿，稿子的内容可以是一首纯真的儿歌、一首内容浅显的古诗、一段优美动人的小故事，也可以谈自己的工作及对周围事物的认识，以刻画人间的真、善、美。用诗一般的语言，童话一般的意境，还可以是生活中的理想等等。如此集思广益、博采众长的教学内容，定能智慧两代人。对话结束时，要对胎儿给予鼓励："宝贝学习很认真，你是一个聪明的孩子，但愿我对你讲授的一切都能对你将来的人生有用。好吧，今天就学习到这儿，再见！"

只要爸爸一开口讲话，胎儿就以动一下表示反应，十分有趣。久而久之，在宝宝出生的时候，你就会发现宝宝很聪明哦。

👶 分娩方式

怀胎10月，宝宝终于要从妈妈肚子里出来了。此时的妈妈会很兴奋，但同时又不免踌躇：自然分娩和剖腹产，究竟选哪个比较好呢？那么，让我们先了解一下常用的分娩方式吧。

自然阴道分娩

胎儿发育正常，孕妇骨盆发育也正常，孕妇身体状况良好，靠子宫阵发的有力节律收缩将胎儿推出体外，这便是自然阴道分娩。自然阴道分娩是最为理想的分娩方式，因为它是一种正常的生理现象，对母亲和胎儿都没有多大的损伤，而且母亲产后很快能得以恢复。

人工辅助阴道分娩

在自然分娩过程中出现子宫收缩无力或待产时间拖得过长时，适当加一些加速分娩的药物来增加子宫收缩力，缩短产程。如遇到胎儿太大或宫缩无力、产妇体力不够时，就要用会阴侧切、胎头吸引器来帮助分娩。人工辅助阴道分娩会比自然分娩稍微困难些，但有医生的帮助也会使产妇顺利分娩。

分娩是瓜熟蒂落的自然结果，包括疼痛在内的生理反应，只要在正常的范围，就是有益的、合理的，选择自然分娩有几下几点好处：

1、在分娩过程中，子宫有规律地收缩、舒张，使胎儿的胸腔也发生有节律的收缩，这一过程能锻炼宝宝的心肺功能，促进宝宝肺机能的完善成熟，为宝宝出生以后的自动呼吸创造有利条件。

2、自然分娩时，由于产道的挤压，使胎儿气道的大部分液体被挤出，为出生后气体顺利进入气道，减少气道阻力做了充分准备，也有助于胎儿剩余肺液的清除和吸收。同时这一过程也能减少新生儿的并发症，尤其是吸入性肺炎的发生率。

3、妈妈在分娩的过程中，其体内会分泌出一种名为"催产素"的物质，它能促进乳汁分泌，还能进一步增进母子之间的感情。

4、进行自然分娩，可使产妇产门扩张得很大，有利于产妇产后恶露的排泄引流，产后子宫恢复得也快些。

剖腹分娩

如果骨盆狭小、胎盘异常、产道异常或破水过早、胎儿出现异常的孕妇，需要尽快结束自然阴道分娩，应采取剖腹分娩方式，以确保母子平安。但剖腹产手术对母亲的损伤较大，手术本身就是一种创伤，产后的恢复远比阴道分娩慢，而且还会有手术后遗症发生。

剖腹产是解决难产和母婴并发症的一种手段，正确使用可挽救母婴生命，保证母婴安全，但终究不是一种理想和完美的分娩方式。

1、剖腹产毕竟是手术，一般情况下剖腹产的出血量是阴道自然分娩出血量的1倍，而产妇的意外死亡也比正常阴道分娩多。

2、剖腹产容易引起伤口感染、术中羊水栓塞、子宫损伤切除等情况。

3、剖腹产后产妇恢复较慢，并且容易出现阴盆腔内组织粘连引起的慢性腹痛等症状。

4、剖腹产会给子宫留下疤痕，给今后分娩或人工流产带来很多危险。

5、剖腹产的新生儿，呼吸道内往往有液体滞留，容易发生窒息、湿肺、肺不张等呼吸系统合并症。

6、剖腹产的宝宝在出生时，由于没有经过产道的挤压，缺乏必要的触觉和本体感觉的学习，容易产生情绪不稳定、注意力不集中、动作不协调等问题。

二、和宝宝有关的话题

😊 该为宝宝准备些什么

宝宝即将来到这个世界，准爸爸、准爸爸得为宝宝准备准备婴儿用品。婴儿用品就是针对婴儿、儿童的生活用品，那么准爸爸妈妈该为宝宝准备哪些高质量的婴儿用品呢？

用品类

奶瓶

形状有标准口径和宽口径两种规格；

材质有玻璃、PC塑料、PA三种；

容量分为120ml、200ml、300ml等；

建议应配2—6个奶瓶备用。

奶嘴

分为硅胶（透明）、乳胶（橡胶色）；

按照流量分为3—4个阶段；

在第一次购物时至少应配全2个阶段；

可适当加买安抚奶嘴1—2个。

奶瓶奶嘴刷

材质分为尼龙刷、海绵刷；

功能分为奶瓶刷、奶嘴刷；

尼龙刷适合清洗玻璃材质的奶瓶；

海绵刷适合清洗PC塑料材质的奶瓶。

奶瓶夹

用于消毒后拿取奶瓶等用品。

奶瓶清洗液

植物原料，洗净安全彻底。

奶瓶消毒锅

用于消毒奶瓶、奶嘴、一切可耐高温100度的用品。

奶粉盒

用于外出携带奶粉使用。

软勺

用于给宝宝喂流质食物。

洗护用品

婴儿洗发液

婴儿沐浴露

润肤产品：主要有润肤油、润肤乳液、润肤霜三种。

婴儿爽身粉

婴儿护臀霜：防止尿疹、湿疹。

护肤湿巾：柔软型湿巾适合擦拭婴儿身体的各个部位，含酒精的湿巾适合擦手和嘴巴。

水温计：显示沐浴适宜温度。

浴网：扣在澡盆上，方便、安全地洗澡。

大浴巾：洗澡后擦拭宝宝身体。

指甲剪：经常修剪宝宝指甲。

日常用品

婴儿指甲刀

棉签、棉球：清洁耳垢、肚脐等部位。

电子体温计：显示温度快，安全准确。

婴儿梳刷组：按摩头部和脚底。

退热贴、鼻喉通爽贴：为宝宝的突然发热做准备。

吸鼻器、小镊子：清除婴儿鼻涕、鼻垢。

婴儿喂药器：给宝宝喂药的好帮手。

湿巾：宝宝的湿巾通常比较柔软，适合宝宝便便后清洗。

洗涤用品

婴儿洗衣液：用来清洗衣物、尿布等。

婴儿柔顺液：洗衣后用柔顺剂浸泡，衣物更柔软。

婴儿漂白剂：去除尿渍、果汁等污渍。

尿布、纸尿裤

纱布尿布：可配合隔尿巾使用，适合白天使用

纸尿裤：适合全天使用，尤其晚上最需要使用以保证宝宝睡眠。

隔尿垫：防止尿液漏到被子和床单上，一年四季家中必备。

衣服类

内衣：2—4套替换。

围兜：4个以上替换。

帽子：看需要。

手套、脚套：新生儿适用。

袜子：2双以上替换。

学步鞋：一定要选择软底的，易于宝宝练习脚感。

家居及外出必备大件

婴儿床

床被：选择甲醛含量低、面料安全柔软的全棉产品。

蚊帐：新生儿一年四季必备床品，夏天防蚊蝇，冬天防灰尘落入宝宝口中。

床铃：辅助初生儿在婴儿床上的时光愉悦，并训练听力、眼力。

手推车：选择可躺、可坐、尽量轻便为好。

学步车：既是宝宝的安全防护又是宝宝学步必需品。

除此之外，可以选择为孩子买一份保险。孩子最大的保险实际是他的父母，所

以如果经济充裕应首先考虑父母的保险。另外买保险首先要看险种是否适合自己，还有一点就是看代理人的资质，毕竟以后有关保单的事宜都要通过代理人来协调。

😊 如何购买婴儿用品

婴儿用品不用过早购买，因为婴儿用品的价格一向比较稳定，不会随季节的变化有多大浮动。但婴儿服装的价格随季节的变化浮动会很大，对折是经常碰到的，而且还都是名牌，因此准妈妈在逛街要是遇上可别错过机会。此外，准妈妈们得先算好自己的预产期是什么季节，要买多大尺寸，自己心里要有数。

用具方面

必须符合国际安全标准，如使用的奶瓶、奶嘴必须绝对无毒，包括使用的材料、印刷的油墨等，并应选在设计上符合人体工学原理及绝对安全的产品。

食品方面

应选信誉良好的厂家生产的产品，宝宝出生初期，最好用母乳喂养。母乳含丰富的蛋白质及多种抗体，是最适合新生儿的食品。

衣服方面

质感要柔软、吸汗，面料以纯棉为宜，不含荧光剂，颜色以柔和颜色浅色为主，穿脱时要方便，尽量宽松。一般不要买太小的尺寸，婴儿内衣要买衣裤连体的，如蝴蝶衫类型的，在小孩会走路之前内衣和外衣最好都买衣裤连体的，裤子内侧可以完全开放的，这样换尿裤会非常方便，这一点在冬天尤为重要。

● 洗护用品方面

要与宝宝的皮肤状况相宜

虽然有品质的婴儿洗护品都很温和，自然，但不同的婴儿洗护品所强调的配方不同，妈妈不能依自己的喜好选择，如刚出生的宝宝由于活动量尚少，稍稍清洗即可，无须购买清洁力很强的沐浴品。

● 不可用功能相同的成人用品替代

虽然它的功能是宝宝需要的，但配方和标准不是专为宝宝皮肤设计的，有可能不适合宝宝皮肤的生理特点而造成刺激，选购时，一定要认明"专为婴儿设计"的字样，因为，这类产品已针对婴儿皮肤做过测试。

● 何时给宝宝选购洗发用品

在宝宝出生后的3、4个月，洗澡时不需另备洗发香波，只需用沐浴精或沐浴乳液就可以达到清洁。待宝宝逐渐长大，当妈妈感到用沐浴精或乳液给宝宝洗头洗得不干净或是脏得很快时，就需为宝宝选购一瓶婴儿专用洗发用品。

● 要注重洗护品的内在品质

衡量内在品质是否优秀的标准即看它是否是正规厂家生产及来源于正规渠道，是否经卫生管理部门批准和检测，外包装上应有批准文号、生产厂家、成分、有效期等正规标志。一般而言，选择老牌子、口碑佳的产品较有安全保证。经济条件允许的情况下，向大家推荐法国欧润芙，效果很不错，物有所值。

● 包装要完整安全

包装与色彩的感觉是否高贵不是主要的。首先包装材质要无毒，且要造型易于抓握，不怕摔咬，有安全包装设计，能防止宝宝误食；包装要无破损，容器密封完好，其中的成分未和空气结合而发生变质。

● 购买前先请教医生

如果宝宝是过敏性皮肤，由医生推荐选用专门设计的沐浴用品以确保安全。专门为敏感婴儿皮肤设计的沐浴品的特色通常为：成分天然、已通过皮肤敏感测试、含有保湿成分。

第二章 宝宝出生后0~1个月

　　经历了艰辛的怀胎十月和刻骨铭心的分娩，准妈妈从怀孕开始就期待的那个时刻终于来临了，你现在看到了你的小人儿，那个在你的子宫里，和你朝夕相处了280天的小生命。作为新妈妈，相信你对宝宝充满了足够的爱心，但也许会缺乏一定的耐心和经验。面对一个又小又软的生命，你是否不知如何是好？面对哭闹不停的宝宝，你是否手足无措呢？

　　刚出生的宝宝通常看起来有些不是很好看，脸部、眼睛都有些肿、紧紧地握着小拳头。虽然他看上去很柔弱，实际上宝宝有着令你惊奇的视、听、闻、味觉能力。出生后半小时内他就能吮吸和吞咽母乳，出生当天，就开始排泄大小便。还有一系列的原始反射帮助自己与外界沟通。

　　新生儿期的宝宝每天睡19—20个小时，但每个宝宝的睡眠时间也会有些差异，多一些、少一些都是正常的。也许宝宝的体重没有增加、或增加很少。不用担心，这是俗称的塌水膘（生理性体重降低），因为宝宝这时吃奶少，加上胎便和尿液的排出，使身体水分损失。

　　小宝宝天生是个近视眼，他现在看东西还是模糊的。也许宝宝可能会有些对眼，不必惊慌，对于刚出生的宝宝来说，在第一个月左右眼神游移或有点儿对眼是很正常的。宝宝可能会在睡眠中、或者在一些时候微笑，这个时候的笑还是无意义的。这时，如果你扶住宝宝向前，宝宝会像行走一样迈步，这是宝宝与生俱来的行走反射。正常情况下，新生儿黄疸在出生7—10天后自然消退，脐带也会在这个时间愈合脱落。

　　在宝宝出生的第三周，一般情况下，平均每天增长体重18—30克或每周增加125—210克，每天2—4次大便，也有的母乳喂养宝宝大便次数可能达到6—8

次，都属正常。这个阶段的新生儿可能会出现脱皮现象，这让不少妈妈着急。实际上，这是正常的生理现象。因为新生儿皮肤的最外层表皮，不断新陈代谢，旧的上皮细胞脱落，新的上皮细胞生成。

此时，宝宝已经能够和你对视了，当他注视你时，你应该也很专注地看着他，给他一个微笑，当你呼唤宝宝的乳名，宝宝会感到很快乐。有时，他甚至会发出"啊啊"的声音，急切地需要你的关注和爱抚。有些宝宝已经学会了使用大块肌肉，腿也在不断地增加力量，你会发现，他很喜欢踢腿，也许这是这个时期宝宝最喜欢的运动了。

第四周宝宝的生长速度非常快，到第四周末，宝宝比出生时重了700—1000克，身长也增加了2—3厘米。随着宝宝进入第四周，宝宝的运动能力有了很大的发展。俯卧时能将下巴抬起片刻，头会转向一侧。宝宝比过去活跃了很多，他们兴致勃勃地观察着周围，倾听新的声音，吸收新的信息。

到满月时，宝宝听觉上也有了很大的进步，他可以注意到相似语音的区别，像"吧"和"啪"。宝宝更喜欢像红和绿等明亮的颜色，当看到自己熟悉的形状和一些特殊面孔时，宝宝会特别兴奋。

一、本月特别关注

😊 新生儿黄疸

新生儿黄疸，分为生理性黄疸和病理性黄疸两种。

60%的宝宝在出生72小时后，会出现生理性黄疸。这是由于新生儿血液中胆红素释放过多，而肝脏功能由于尚未发育成熟，无法将全部胆红素排出体外，胆红素聚集在血液中，引起了皮肤变黄。这种现象先出现于脸部和眼白，进而扩散到身体的其他部位。生理性黄疸属于正常现象，不需要治疗，一般在出生后7—10天后自然消退。

👶 给婴儿洗澡

小婴儿由于易出汗、易吐奶、大小便次数多等原因，需要勤洗澡。新生婴儿可以每天，或每1—2天用清水快速洗个澡，但不需要过于频繁。给宝宝洗澡时，室温应在26—28摄氏度，水温在38—40摄氏度，时间应安排在吃奶前，以防引起宝宝吐奶。洗澡时间不宜太长，以免宝宝着凉生病。

洗脸部时，要注意保护好宝宝的眼睛。注意不要让宝宝耳内进水，可以用托住宝宝头部手的拇指和中指从后面把耳廓挡住耳道口。如果脐带尚未脱落，请注意不要让脐带部分着水以防感染。给那么小的宝宝洗澡其实没有太大必要使用婴儿浴液，因为再号称温和的浴液对宝宝娇嫩皮肤都是种刺激，可能引发和加重婴儿湿疹等皮肤问题。

洗后用大浴巾把宝宝全身擦干，尤其注意擦净颈部、腋下和大腿根部的褶皱处。有条件的可以在此时给宝宝做全身抚触，对促进宝宝发育，增强与宝宝的交流，都有很大的益处。

👶 婴儿吐奶

出生两周后，许多宝宝会经常吐奶，男宝宝的情况更严重些。

一般来说，宝宝刚吃完奶，或者刚被放到床上，奶就从宝宝嘴角溢出。吐完奶后，宝宝面部没有任何异常或者痛苦的表情。这种吐奶是正常现象，也称"溢乳"。

吐奶的主要原因，是由于小宝宝的胃呈水平状、容量小、入口的贲门括约肌弹性差，易导致胃内食物返流。宝宝如果吃奶较快，会在吃奶的同时咽下大量空气，平躺后这些气体会从胃中将食物一起顶出来。

因此，宝宝吃奶后，不要马上把他放躺下。而是应该竖着抱宝宝，让他趴在自己肩头，同时轻轻用手拍打宝宝后背，直到宝宝打嗝为止。这样宝宝胃里的气体就被排出来，不会吐奶了。

宝宝吐出的奶要擦净，更要防止流到耳朵里引起发炎。1—2个月是宝宝吐奶的严重期，3个月后减轻，5个月后吐奶的情况就会很少了。

😊 婴儿抚触

从新生儿期开始，妈妈就可以给小宝宝进行抚触。抚触对宝宝的健康有很多益处：可以促进宝宝免疫系统发育与血液循环；可以使宝宝肌肉得到锻炼；可以增进与宝宝的交流。抚触对于早产儿的护理尤其起到很好的作用。

抚触的时间选择在两次喂奶间，最好的时间是晚上宝宝洗完澡后。将宝宝衣物脱掉，在身下铺上柔软的毛巾被，使用婴儿油或乳液对宝宝进行按摩，记住要保持按摩手掌的温热。

抚触的动作要比较轻柔，可以同时温柔地跟宝宝说话，或者轻轻地唱歌，或者放一些柔和的音乐。宝宝会非常喜欢这样的时刻。如果宝宝出现不耐烦、哭闹或者其他不适症状时，要停止抚触。

二、和妈妈有关的话题

😊 产后饮食与保健

产后妇女由于大量失血，常造成气血两虚，而出现血虚体弱，头晕，乏力，甚至产后腹痛等症状，从而影响正常生活，若能在饮食上采取对症进补，则可使产妇早日恢复如初。

坐月子在中国传统观念里有很多说法，究竟什么样的坐月子方式是最科学的呢？我们就从产后恢复的方方面面来详细介绍一下吧。让各位新手妈妈们可以在轻松、舒心的状态下把握好产后的第一个月，让"月子"成为妈妈们的健康、美丽新起点。

新妈妈月子正确饮食

据营养医生推荐，新妈妈产后饮食应以精、杂、稀、软为主要原则。

● "精"是指量不宜过多

产后过量的饮食除了能让产妇在孕期体重增加的基础上进一步肥胖外，对于产后的恢复并无益处。如果你是母乳喂养婴儿，奶水很多，食量可以比孕期稍增，最多增加1/5的量；如果你的奶量正好够宝宝吃，则与孕期等量亦可；如果你没有奶水或是不准备母乳喂养，食量和非孕期差不多就可以了。

● "杂" 是指食物品种多样化

产后饮食虽有讲究，但忌口不宜过，荤素搭配还是很重要的。进食的品种越丰富，营养越全面、平衡。除了明确对身体无益的和吃后可能会过敏的食物外，荤素菜的品种应尽量丰富多样。

● "稀" 是指水分要多一些

乳汁的分泌是新妈妈产后水的需要量增加的原因之一，此外，产妇大多出汗较多，体表的水分挥发也大于平时。因此，产妇饮食中的水分可以多一点，如多喝汤、牛奶、粥等。

● "软" 是指食物烧煮方式应以细软为主

产妇的饭要煮得软一点，少吃油炸的食物，少吃坚硬的带壳的食物。因新妈妈产后由于体力透支，很多人会有牙齿松动的情况，过硬的食物一方面对牙齿不好，另外一方面也不利于消化吸收。

坐月子期间需要注意的事项

产后对子宫的保护非常重要，否则，会给年轻的妈妈带来长久的痛苦。这期间，要多躺床休息，避免久蹲、久站、频繁大幅度弯腰及增加腹压的家务。所有的日有品摆放有序，便于使用、拿放。

热水瓶：放在茶几、比较矮的桌子上；

衣服及尿布：放在站起或坐下时伸手可取的地方，最好放在专用尿布台抽屉里；

奶具：奶锅、奶瓶、刷子及常用厨具放置在橱柜中上层，也不可太高；

沐浴品：放在沐浴台架上伸手可用，配上适宜的小凳子；

洗澡：把澡盆放在平台上或茶几，桌上，并加一把小凳子；

换尿布：坐在小凳上；

童床：购买可升降的童床、较高的童车、抱起和放下宝宝时动作幅度不宜过大；

扫地：选择长把扫帚、扫箕和拖把做简单清扫工作，大面积清扫留给丈夫；

马桶：产后最好选择坐式马桶，没有条件的可购买移动式坐式马桶(市场有售)；

重物：提较轻的物品或分多次，尽量避免重体力劳动，洗澡水可用小盆舀出倒掉。

坐月子的错误观点

产下宝宝后，新妈妈的生活节奏骤然紧张起来。月子里既要照料宝贝，又要养息虚弱的身体，纷繁忙乱中一不留意便有可能犯下一个个错误，影响身体康复和宝贝的健康。那么，在月子里新妈妈都容易犯一些什么错误？

● 不去做产后体检

如果不去做检查，就不能及时发现异常并及早进行处理，容易延误治疗或遗留病症。因此，产后6—8周应到医院进行一次全面的产后检查，以便了解全身和盆腔器官是否恢复到孕前状态，了解哺乳情况。如有特殊不适，更应提前去医院进行检查。

● 喝麦乳精滋补

虽然麦乳精营养丰富，味道可口，能够滋补身体，但产妇在哺乳期间常喝麦乳精是不科学的。因为麦乳精中的麦芽会抑制乳腺分泌。哺乳期产妇经常喝麦乳精，就会使乳汁的分泌量明显减少，所以中医历来把麦芽作为回乳的用药。

● 经常吃巧克力

巧克力中所含的可可碱会进入母乳，并通过哺乳进入宝贝的体内，损害宝贝的神经系统和心脏，导致消化不良、睡眠不稳、哭闹不停等。另外，常吃巧克力会影响产妇的食欲，造成身体所需的营养供给不足。这样，不仅影响产妇的身体康复，还会影响宝贝的生长发育。

● 经常喝茶水

多喝汤汁固然可增加乳汁分泌，但茶叶中含有的鞣酸会影响肠道对铁的吸收，容易引起产后贫血。而且，茶水中还含有咖啡因，产妇饮用茶水后不仅难以入睡，影响体力恢复，咖啡因还可通过乳汁进入宝贝的身体内，导致发生肠痉挛或突然无故地啼哭。

● 只喝汤不吃肉

产后适当多喝一些鸡汤、鱼汤、排骨汤、豆腐汤等，确实可促进乳汁分泌。但同时也要吃肉，因为很多营养都在肉里，并不完全在汤里。如果只喝汤而不注意吃肉，就会影响身体对营养的摄取。

● 专吃母鸡不吃公鸡

分娩后体内的雌、孕激素水平降低，有利于乳汁形成。但母鸡的卵巢和蛋衣中却含有一定量雌激素，会减弱催乳素的功效，从而影响乳汁分泌。而公鸡的睾丸中含有雄激素，可以对抗雌激素。如果把大公鸡清炖并连同睾丸一起吃，无疑会促使乳汁分泌。而且，公鸡的脂肪较少，产妇吃了不容易发胖，有助于哺乳期保持较好的身材，也不容易引起宝贝发生腹泻。

● 每天大量吃鸡蛋

尽管鸡蛋富含优质蛋白质，营养价值很高，很适合产妇食用，但并不是吃得越多越好。鸡蛋吃多了人体并不能完全吸收，反会增加肠胃的负担，影响其他各种食物的摄取，造成营养摄取不均衡，不仅不利于产妇的身体康复，而且也不利于乳汁分泌。一般来讲，月子里每天吃3—4个鸡蛋较为适宜。

● 长时间喝红糖水

有些产妇在月子一个劲地喝红糖水，认为能够活血化淤和补血，促进产后恶露排出。红糖水确实是产后的补益佳品，但也并不是喝得越久越好。因为，在产后10天左右恶露开始逐渐减少，子宫收缩基本恢复正常。

产后保健

● 褥汗及皮肤护理

产褥早期皮肤排泄功能旺盛，排出大量汗液，以夜间睡眠和初醒时更明显，不属于病态，于产后一周内可自行好转。产妇应注意卫生，保持皮肤清洁干燥，摒弃传统"坐月子"的旧习。剖宫产产妇应更要注意腹部切口皮肤的清洁，避免切口感染的发生。

● 恶露的观察和护理

恶露指产后随子宫蜕膜，特别是胎盘附着处的蜕膜，含有血液坏死蜕膜等组织经阴道排出。正常恶露有血腥味但无臭味，持续4至6周，量约250至500ml，个体差异较大，血性恶露持续3天逐渐转为浆液恶露，约两周后变为白色恶露，约持续3周干净。产妇可用1：5000高锰酸钾、0.2%新洁尔灭液擦洗外阴每日2至3次，平时尽量保持外阴部的清洁干燥，注意观察恶露的量、性质(气味、颜色)。

● 子宫复旧的观察和护理

胎盘娩出后，子宫宫底平脐，以后每天下降1至2cm，产后一周缩至耻骨联合上，2周后缩入盆腔。每日可在同一时间手测宫底高度，以了解子宫逐日复旧过程，测量前应排尿，先按摩子宫使其收缩后，再测量耻骨联合上缘至宫底间的距离。

● 注意饮食及大小便

产后为了促进乳汁分泌，宜食有营养、高热量、高蛋白饮食，多吃汤、汁食物，并适当补充维生素和铁剂，另外，产妇因卧床，食物中缺少纤维素，肠蠕动减弱，常发生便秘，故应适当进食含纤维素的饮食或水果，以保持大便畅通。若发生便秘，可口服缓泻剂，或用肥皂水灌肠。

● 哺乳及乳房护理

提倡母乳喂养，废弃定时哺乳，推荐按需哺乳，乳汁确实不足时，应及时补充按比例稀释的奶粉。哺乳者应注意乳房的清洁，每次哺乳前要洗手，用温开水擦洗乳房及乳头。哺乳时可在大腿上放置一个枕头或采用侧卧位，以减少婴儿压迫所致的伤口疼痛，让婴儿含接整个乳头及大部分乳晕，以避免乳头被婴儿咬破，产妇应托住乳房，以保持乳腺导管的畅通，两侧乳房轮流哺乳。

● 产后运动

在设计剖宫产产妇的产后运动项目时，应考虑手术后身体状况，虽然产后运动项目与自然分娩产妇相差不远，但产后运动进行的程度与时间应与自然分娩者不同。产后最初3周内应避免粗重的工作，且需要充分的休息，因为极度的疲倦会影响伤口愈合，并使产妇发生延迟性产后出血与产后感染的可能。适当活动及做产后健身操，可以帮助产妇提早恢复肌力，有利排尿、排便，增强腹肌和盆底肌肉的功能，避免腹壁皮肤过度松弛，加速恶露排除，预防子宫后倾、尿失禁、膀胱及直肠膨出、子宫脱垂，避免或减少静脉栓塞的发生等。产后保健操可包括能增强腹肌张力的抬腿、仰卧起坐动作和能锻炼骨盆底肌及筋膜的缩肛动作，上述动作每天做3次，每次15分钟，运动量逐渐增大。另外，剖宫产子宫切口感染、坏死、裂开多见于术后20日左右，在此期间，应格外注意避免剧烈运动，密切观察异常出血的发生，必要时及时就诊。

● 产褥期严禁性交

产褥期严禁性交，产后不哺乳者，通常在产后4至8周月经复潮。产后哺乳者，月经延迟甚至哺乳期没有来潮，但也有按时来潮的，产后6周检查正常后可进行性生活，应采取避孕措施，原则是哺乳者以工具避孕为宜，不哺乳者可选用药物避孕。剖宫产半年后可放置宫内节育器，哺乳期放置应先排除早孕的可能。

● 产后检查

按医嘱定期返院接受追踪检查。包括产后访视和产后健康检查，产后访视至少3次，第一次在产妇出院后3日内，第二次在产后14日，第三次在产后 28日，了解产妇及新生儿健康状况，内容包括了解产褥期饮食、大小便、恶露及哺乳情况，检查两侧乳房，剖宫产腹部伤口等，若发现异常应给予及时指导。产妇应于产后42日到医院做产后健康检查，测血压，查血尿常规， B超，了解哺乳、子宫复旧情况，观察盆腔内生殖器是否已恢复至非孕状态，最好同时带婴儿来医院作一次全面检查。

如何喂养

● 第一周

升级当妈妈了，比起孕期你现在又有了一件更加幸福的使命。你伟大的"奶牛"生活就开始啦！正确的姿势及吸吮方法，对于宝宝与你都非常重要。找个让你感到舒服的位置，用枕头或靠垫支撑你的背，以及放在膝盖上垫高宝宝的身体来让自己获得最放松和舒适的姿势。同时让宝宝的脸正面对着你的乳房，在哺乳过程中，你的大拇指在上，其他四只手指在下，托出哺乳那侧乳房，要让宝宝整个嘴巴都含住你的乳头与乳晕，这时他的鼻子和下颚都应贴合你的乳房。如果你感觉乳房会压住宝宝鼻子，将鼻子附近的乳房皮肤轻轻按下去一点，留出空隙让宝宝可以顺畅呼吸。

新妈妈一定要让宝宝多吃些初乳，因为初乳被人们称为第一次免疫，比金子还珍贵！它不但能够满足新生儿生长发育的所有需要，还有促脂类排泄作用，减少黄疸的发生。

第二周

刚刚生完宝宝的第二周，不少新妈妈会感到乳房开始变热、变重、疼痛，有时甚至像石头一样硬。乳房表面看起来光滑、充盈，连乳晕也变得坚挺而疼痛。这就是很多哺乳的妈妈都会经历的"涨奶"。涨奶情况不会一直存在，它只是暂时的现象，等到你的宝宝能够很好的含住乳头并吃到需要的奶量时，情况会慢慢有所好转。

涨奶会给哺乳带来一些小麻烦。因为乳晕过硬，宝宝会很难含住乳头。你可以在喂奶前热敷乳房，然后用手挤奶或使用吸奶器吸出些奶水，直到乳晕部分开始变软。

除了涨奶，你可能还会因为宝宝的吸吮动作而造成你娇嫩乳头的疼痛感，甚至乳头皲裂。这些都是母乳喂养常见的问题，可以咨询有经验的朋友和网友求助。总之，在现阶段，你需要花点时间与你的宝宝磨合一番。

第三周

每个宝宝都有不同的哺喂形式，对于新生儿来说，有些宝宝喜欢长时间吃妈妈的奶从而进行"亲密"接触，喜欢连续一至两小时吃着奶，然后睡一至两小时。由于你的乳汁现在会大大增加，有些宝宝需要喂养的时间便会缩短，但次数却会较为密集。不过另外一些宝宝好像对吸吮兴趣不大，或者从出生到现在都很嗜睡。

如果你在最初数天已经频繁地喂了宝宝母乳，这时一般没有乳胀的感觉，你会察觉到宝宝的大小便次数增多，表示你的乳汁多了。有些妈妈也会发觉这时的哺喂时间开始缩短，而乳房也会比平常大些和重些，甚至有点疼痛，这一切都是正常的，你必须有心理准备在产后初期花很多时间哺喂你的宝宝。

第四周

每一个宝宝都是天生会吸吮的，但使用奶瓶和奶嘴更会导致婴儿产生乳头混淆。因为吸吮母亲的乳头和吸吮奶瓶或奶嘴时，婴儿使用舌头、口腔及颚骨的方法是截然不同的，婴儿于是变得无所适从。一些产生"乳头混淆"的婴儿利用错误的方式吸吮母亲的乳头，就会花了很大的力气也吃得不多，更会导致母亲的乳头酸痛。有些婴儿甚至对母亲的乳头完全不感兴趣。由于有的宝宝只吃过一次奶瓶便足以产生"乳头混淆"的现象，所以如果你打算使用奶瓶或奶嘴的话，最好还是让宝宝满月后才开始使用。

🙂 营养食谱

● 第一周 花生粥

原料：生花生米（带皮）100克、大米200克。

做法：花生捣烂后放入淘净的大米里煮粥，粥分2次（早晚各1次）喝完，连服3天。

功效：花生米富含蛋白质和不饱和脂肪酸，有醒脾开胃、理气通乳的功能。

● 第二周 酒酿鸡蛋

原料：酒酿、鸡蛋、白糖。

做法：1、用小锅，放适量水，煮开。

2、挖一些酒酿放锅内，煮开。

3、打入鸡蛋再次煮开即可关火。

● 第三周 通草鲫鱼汤

原料：鲫鱼1斤、通草3—4克。

做法：洗净放入锅中，加水，开锅后文火熬煮。汤呈奶白色，鱼肉鱼骨分离即可。汤煮的时候不能加葱、姜、花椒、大料，喝汤的时候最好不放盐。

功效：有增加乳汁分泌功能。

● 第四周 花生猪爪汤

原料：猪爪2只、花生50克。

做法：花生米洗净，泡3—5小时，连泡过的水一起倒锅里和猪爪炖，猪爪快脱骨时关火。汤直接喝，汤中尽量少盐或不加盐。

功效：理气通乳、下奶功能。

😊 为宝宝做些什么？

● 第一周

•妈妈的乳汁是宝宝最好的营养供应，特别是初乳，必须要喂给宝宝。

•保持脐部的清洁、干爽，每天用碘酒、酒精消毒一次。

•注意倾听宝宝的哭声，仔细观察，分辨你的宝宝哭声背后的意义，以满足他的需要。

•无论是男宝宝还是女宝宝，每天都要清洗私处。

•抱起宝宝时，一定要用手支撑他的头部。

•宝宝吃完奶，要给宝宝拍嗝，也就是把宝宝吃奶时吃进去的空气拍出来，这样宝宝就不容易吐奶了。

● 第二周

•保持室内空气新鲜，对宝宝和妈妈都好。

•喂奶的时候，离宝宝近一些，让宝宝好好看看爸爸或妈妈的脸，增加你们之间的亲密感。

•宝宝对大的声响会很敏感，有时甚至焦虑、啼哭，尽量避免惊吓到宝宝。

● 第三周

•对宝宝说话或者唱歌，可以强化宝宝识别你声音的能力。

•约有20%的宝宝在出生后2—4周时出现肠绞痛症状，发作时宝宝会难受地长时间啼哭。这种腹痛

是功能性的，宝宝长大后就会变好。宝宝哭时，抱着宝宝来安抚他。

•给宝宝洗澡，要安排在喂奶前30分钟，而且在宝宝精神状态好的时候。

•宝宝年龄比较小，还不适合去室外。

第四周

•把你的脸靠近宝宝，对他微笑。慢慢左右移动你的脸，让宝宝的目光有意识地跟随移动。

•为宝宝修剪指甲，剪指甲可以防止宝宝被自己抓伤。

•继续按需哺乳，经常地抱宝宝，增加亲子之间的交流。

•如果在宝宝的床头悬挂了转转乐等玩具，请注意隔段时间换个位置，防止造成宝宝斜视。

妈妈常见的问题

奶水不够怎么办？

如果母乳不够，配方乳喂养是较好的选择，特别是母乳化的配方乳。目前市场上配方乳种类繁多，应选择"品牌"有保证的配方乳。有些配方乳中强化了钙、铁、维生素D，在调配配方乳时一定要仔细阅读说明，不能随意冲调。新生儿虽有一定的消化能力，但调配过浓增加他消化的负担，冲调过稀则会影响新生儿的生长发育。正确的冲调比例，若是按重量比应是1份奶粉配8份水。若按容积比应是1份奶粉配4份水，按此比例冲调比较方便。奶瓶上的刻度指的是毫升数，如将奶粉加至50毫升刻度，加水至200毫升刻度，就冲成了200毫升的牛奶，这种牛奶又称全奶。消化能力好的新生儿也可以试喂全奶。

比起母乳喂养，冲调奶粉显得有些麻烦，尤其是在夜间喂奶，没等冲好，饥饿的孩子就会啼哭不止，这时急急忙忙冲好的奶又很烫，孩子不能立即吃。使用配方乳要妥善保存，否则会影响其质量。应贮存在干燥、通风、避光处，温度不宜超过15℃。

牛奶含有比母乳高3倍的蛋白质和钙，虽然营养丰富，但不适宜婴儿的消化能力，尤其是新生儿。牛奶中所含的脂肪以饱和脂肪酸为多，脂肪球大，又无溶脂酶，消化吸收困难。牛奶中含乳糖较少，喂哺时应加5—8%糖，矿物质成分较高，不仅使胃酸下降，而且加重肾脏负荷，不利于新生儿、早产儿、肾功能较差的新生儿。所以牛奶需要经过稀释、煮沸、加糖3个步骤来调整其缺点。

出生后1—2周的新生儿可先喂2：1牛奶，即鲜奶2份加1份水，以后逐渐增加浓度，吃3：1至4：1的鲜奶到满月后，如果孩子消化能力好，大便正常，可直接喂哺全奶。

奶量的计算：新生儿每日需要的能量为100—120千卡/千克，需水分150毫升/千克，100毫升牛奶加8%的糖可供给能量100。

母婴同室可以吗？

母婴同室是指婴儿产出后将母亲及爸爸和新生婴儿安置在一个房间里。由母亲自己照顾婴儿的保暖、喂养、换尿布等。在产院期间母子一直生活在一起，这种措施一般适用于正常足月儿及1500g以上的早产儿。

母婴同室虽有不少优点，但对新生儿来言，确实存在着事故隐患。从生命安全角度观察婴儿刚出生后几天内，由于一些羊水残留于胃肠道内，加上喂奶、喂水量掌握不适当，极易引起呕吐。因此，婴儿的体位很重要，要保持半侧卧位，以利于呕吐物溢出。但大多数产妇和家属并不懂得这一点，也做不好，甚至不少家属为了让婴儿躺个好看的头型，还专门让婴儿取平卧位，这就更加重了呕吐时呛咳的危险因素，尤其是中午、夜间时，产妇和家属都非常疲劳，几乎都处于睡眠状态，这样就等于没有人看护婴儿，也很难发现有什么异常情况，更谈不上及时处理。尤其一些初为人母的产妇，得子之后的兴奋劲无可比拟，即便是睡觉，也舍不得让他单独睡，加上缺乏做母亲的经验，睡觉时把孩子搂在怀里或者干脆抱着睡，可一旦产妇熟睡，因为警惕性差，而家属又未及时发现时，很容易因为被产妇身体压迫，或者因为被服过厚而堵塞新生儿呼吸道，致新生儿窒息。

所以一般医院设有专职婴儿室值班护士，明确责任，提高护理质量，采取母婴同室与婴儿室共同管理制度，即加大婴儿在母亲身边的时间，以达到母婴同室的目的。选择在产妇睡眠期间，把新生儿抱回婴儿室，这样既不影响产妇休息，又便于护士对婴儿室的共同管理。

如何正确挤奶和保存？

方法一

拇、食指在乳晕上下方挤，注意节奏和在乳晕周围反复转动挤压，使每根乳腺管内乳汁均可挤出。

1、用一只手托住乳房，由上至下按摩乳房。

2、一边按摩一边移动手掌，以达到整个乳房四周

3、朝着乳晕的方向，用手指尖往下按摩，注意不要压迫到乳房组织。

4、用两个拇指及其他手指配合轻压乳晕后的部位。

5、用拇指和食指一起挤，同时往后施压，奶会从乳头涌出来

方法二

1、注意事先洗手，给吸奶器消毒；用温水使乳房变软，并且加以按摩。然后用吸奶器的漏斗放在乳晕上，使其严密封闭。

2、保持良好的封闭状态，拉开外筒，把乳汁从乳房中吸出来。

3、把盖盖紧放入冰箱，冷藏或冰冻。

如何正确储存奶？

● 室温保存

初乳（产后6天之内挤出的奶）——27—32摄氏度室温内可保存12个小时；

成熟母乳（产后6天以后挤出的奶）——15摄氏度室温内可保存24小时，19－22摄氏度室温内可保存10小时，25摄氏度室温内可保存6小时。

冰箱冷藏室保存

● 0－4摄氏度冷藏可保存8天。

冷冻保存

● 母乳冷冻保存与冷冻箱的情况有关——如果是冰箱冷藏室里边带有的小冷冻盒，保存期为两周；如果是和冷藏室分开的冷冻室，但是经常开关门拿取物

品，保存期为3—4个月；如果是深度冷冻室，温度保持在0度以下，并不经常开门，则保存期长达6个月以上。

母乳冷冻最好使用适宜冷冻的、密封良好的塑料制品，其次为玻璃制品，最好不用金属制品，这是因为母乳中的活性因子会附着在玻璃或金属上，从而降低母乳的养分。储存过的母乳会分解，看上去有点发蓝、发黄或者发棕色，这都是正常的。冷冻的母乳在解冻时，应该先用冷水冲洗密封袋，逐渐加入热水，直至母乳完全解冻并升至适宜哺喂的温度。不要将母乳直接用炉火或者微波炉加热，这样会破坏母乳中的养分。

如何包裹宝宝？

新生儿出生后神经系统发育不完善，尤其神经髓梢尚未形成，当受到外来声音、摇动等刺激后容易发生全身反应，好似受到"惊吓"，而影响正常睡眠。另外，新生儿一个人睡觉，像成人那样盖上被子会感觉冷，不保暖的话会导致睡眠不沉或经常哭闹。再说，新生儿身体柔软，不能抬头，不易将新生儿抱起来，尤其是在喂奶时，很不方便。因此，用床包被将新生儿包起来，既可使新生儿有足够的温暖和安全感，又方便母亲抱起来喂奶。因此，正确使用包被非常重要。

但是，有一些家长的做法是错误的，如用一个包被将新生儿包起来，外面再用布带子将新生儿结结实实地捆起来，像一根蜡烛一样，俗称"蜡烛包"。这样抱起来是挺容易了，但是对新生儿来说有害无益。这样的"蜡烛包"对新生儿是一种束缚，限制了胸部的活动，而影响肺和横膈膜的活动和功能，不仅影响肺的发育，也影响小儿的呼吸，使肺部抵抗力降低，而发生肺部感染的机会增加。同时也会压迫腹部，影响胃和肠道的蠕动，使消化功能降低，而影响食欲，使新生儿经常发生溢奶、吐奶。由于四肢活动受限，更不利于四肢骨骼、肌肉的发育，影响新生儿的动作发育。尤其是有的母亲用一床小的棉垫子，将伸直的两下肢包起来，再结结实实地捆上带子，认为这样可以防止发生"罗圈腿"。其实这样做并不起作用，因"罗圈腿"发生的原因是体内缺乏维生素D和钙。相反的，这样做倒可引起新生儿髋关节脱位，因为将两下肢硬拉直，并用力捆绑后，使大腿肌肉处于紧张状态，而使股骨头从髋臼中脱出来，并且也可影响髋臼的发育。另外包裹太紧，容易出汗，刺激皮肤，使汗腺口堵塞，发红，严重时发生皮肤感染。

正确包裹的方法很多，在市场上购买的睡袋，较宽松柔软，睡袋的下方是开的，便于换尿布，而且保暖。白天可以给新生儿穿上内衣、薄棉袄或毛线衣，再盖上棉被就可以了。特别容易惊醒的新生儿，可以用包被将新生儿包裹起来，但不可太紧，这样可使新生儿的睡眠更好一些。

如何换尿布？

给宝宝换尿布不是那么简单的事儿，换尿布也要男女有别。给女宝宝换尿布，要由上向下清理污物，男宝宝要清洁阴囊，不要给宝宝翻包皮。同时女宝宝尿布要向下垫得多一点，而男宝宝尿布要搭在肚脐以下，折一个小方块，不然男宝宝在小便的时候尿液很容易漏出来。

对于宝宝们来讲，屁股是非常重要的护理部位。由于小宝宝皮肤娇嫩，清洗尿布的时候尽量不使用洗衣粉，避免冲洗不干净残留物刺激宝宝皮肤。如果要使用清洁剂，最好使用温和的中性肥皂，洗完后把尿布放在阳光下晒干，如果是阴天就用熨斗熨干。

三、和宝宝有关的话题

宝宝成长指标

第一周

新生宝宝体重、身高参考值：
- 男婴体重2.5—4.4kg，身长46.1—53.7cm。
- 女婴体重2.4—4.2kg，身长45.4—52.9cm。

生理发展：
- 受惊吓时，会拱背和腿并伸出手臂。
- 不断地睡而又醒。

心智发展：
- 能够发出"啊啊、嗯嗯"的声音。

感官与反射：

• 对强光眨眼。

• 眼睛易于向外转。

• 双手多数时间是握拳状。

• 将头从一侧转向另一侧。

社会发展：

• 似乎会积极响应柔和的人声。

● 第二周

生理发展：

• 出生两周左右，会出现第一次微笑。

• 踏步反射，从宝宝出生第8天开始，大人扶住宝宝向前，宝宝会像行走一样迈步。

• 双手通常呈握拳壮或只是稍微张开。

感官与反射：

• 注视20—45厘米远的物品。

• 寻找乳房，即使不在喂食母乳时。

心智发展：

• 会哭着寻找帮助。

• 被抱或看到人脸时会安静。

社会发展：

• 对人声有反应。

• 会注视脸孔。

● 第三周

生理发展：

• 会伸出手臂、双腿嬉戏。

• 有的宝宝俯卧时会短暂抬起头。

感官与反射：

• 宝宝已经能够和你对视。

心智发展：

•醒着时会有茫然、平静的表情。

•喜欢图案。

社会发展：

•对他温和说话或将他抱在肩膀上时，会做眼睛的接触。

● 第四周

生理发展：

•俯卧时能将下巴抬起片刻，头会转向一侧。

•趴着的时候能抬起头来。

感官与反射：

•手指被扳开时会抓取东西，但很快会掉下。

心智发展：

•会记得几秒钟内重复出现的东西。

社会发展：

•会紧抓抱着宝宝的人。

宝宝常见的问题

什么时候妈妈要紧张宝宝的呼吸？

新生儿呼吸频率较快，每分钟呼吸约40次。出生后头两周呼吸频率波动较大，这是新生儿的正常生理现象。但是，如果新生宝宝呼吸次数超过了80次，或者少于20次，就应该引起妈妈的重视了，及时看医生。

为什么要给新生儿保温？

1、新生儿体温调节中枢功能尚未发育完善。

2、体表面积相对较大，散热面积很大，容易散热。

3、人的脂肪组织有隔热作用，新生儿皮下脂肪薄，容易丢失热量。

4、新生儿寒冷时无颤抖反映，妈妈不易分辨。

5、人体消耗的热量由棕色脂肪产生。但新生儿体内棕色脂肪分布有限，过度寒冷时不能满足产热需要，容易引起皮下棕色脂肪硬肿。

如何判断新生儿冷热？

1、只要触摸婴儿颌下颈部，感觉较暖，就说明给孩子穿戴和覆盖已够。

2、由于婴儿心脏收缩的力量相对成人较弱，正常情况下血液到达四肢末端——手指和脚趾相对较少，就会出现四肢末端稍凉的现象。如果平日四肢末端总是暖热，反而说明给孩子穿戴或覆盖过度。

溢乳怎么办？

1、喂奶前，把宝宝的尿布换好，喂奶后，就不要再换了，以免由于活动引起宝宝溢乳。

2、宝宝吃完奶后竖着抱宝宝，轻轻拍背，直到把嗝打出来。

3、喂奶后，即使宝宝尿了、拉了，也不要忙着更换。待宝宝睡着了再更换。

4、母乳喂养的宝宝，要让宝宝含住乳晕，以免吸入过多空气。

5、人工喂养的宝宝，要让奶汁充满奶嘴，以免宝宝吸入空气。

怎样保护新生儿的眼睛？

首先，注意不要强光刺激宝宝的眼睛。宝宝出生前在妈妈子宫里经过了9个月漫长的暗室生活，并且，新生儿的视觉系统还没有发育完全，对于较强光线的刺激还不能进行保护性的调节，所以对光的刺激非常敏感。

其次，新生儿出生时，由于产道的挤压和羊水的刺激，会出现眼睑水肿、眼睛发红等现象。回家后，要保持眼部清洁。每天可用棉签蘸上清水，由内侧向眼外角两侧轻轻擦拭。如发现眼屎多或结膜充血，最好到医院看医生，在医生的指导下用点眼药水很快会好的。

再次，如果发现宝宝眼睛总是泪汪汪的，看看下眼睑的睫毛是不是倒插眼内，触到眼球。倒睫刺激了角膜，就会流眼泪。对这种情况不用紧张，轻轻将眼皮拨开，让眼睫毛离开眼球就行了，一般过了几个月，倒睫的现象就会自然消失。

新生儿皮肤的护理

1、要经常洗澡。在脐带脱落前，不要把新生儿全身浸在水中洗，以免脐带被浸湿后污染。可采用分段洗的方法：先洗头部，洗后及时擦干头部；再分别洗上身和下身。

2、洗澡水温不宜过热，一般在40℃左右即可，先放凉水后兑热水，用肘部试温度至适宜即可。

3、洗澡前应先准备好替换的衣物。洗澡忌用刺激性肥皂，一般可选用专门的婴儿皂或婴儿浴液。

4、洗澡毛巾应柔软，可选用纯棉制品。

5、洗脸部时应先用干净棉球清洁眼部和鼻腔。

6、洗身体时应注意洗净皱褶处，尤其是颈部、腋下和大腿根部。这些部位洗后需用植物油或滑石粉涂抹，

涂粉不要过多，以免潮湿后硬结刺激皮肤。

7、替换的衣物和尿布应选用质地柔软，吸水性强，透气性好的纯棉制品，化纤类织物对新生儿是不适宜的。

8、给小婴儿洗澡，动作要快、轻柔，洗后立即擦干，穿好衣服，以免受凉。

9、洗澡时间不可安排在婴儿吃奶后或要睡觉时，一般可在婴儿吃奶后一个多小时，孩子处于觉醒状态时为宜。

10、婴儿排便后应及时清洗臀部。洗后在肛门周围涂植物油、凡士林或鞣酸软膏以免臀部因尿、便刺激而发生臀红和尿布疹。植物油可选用香油，事先加热消毒后置于干净器皿中备用即可。

新生儿脐带的护理

脐部护理应分两个阶段，第一阶段是脐带未脱落之前。此时，脐带残端是

一个创面，脐带内血管尚未完全闭合，有时还会渗血，加之脐部凹陷，容易被尿液污染，容易发生脐炎并导致败血症。脐炎可表现为脐部周围皮肤红肿，脐部有渗出物，严重时新生儿可表现为精神弱、吃奶差，甚至发烧等全身症状。因此，在这一阶段，脐部护理尤为重要。首先要保证脐部干燥，尿布不可遮盖脐部，以免尿湿污染脐部。其次要经常检查脐部是否有红肿、渗出，可用75%酒精擦拭脐带残端和脐部周围以保证脐部清洁干燥。如有结痂者，对结痂下有无渗出物或脓性分泌物更应加以关注和清洁处理。凡有结痂者，注意不要用龙胆紫处理，以免掩盖症状，延误治疗。

第二阶段是脐带脱落之后，此时仍会有少量分泌物，仅需每日用75%酒精棉棒擦拭3次左右，保持脐部干燥、清洁即可。切记不能自作主张往脐部撒"消炎药粉"，往往未能消炎反而导致感染。当脐炎伴有全身症状时，最好到医院就医，或请保健医生上门指导，因为此时需应用抗生素治疗，不是家长可以自行处理的情况了。

新生儿哪些异常状况不是病？

● 肢体蜷曲

出生前由于子宫内的空间限制，胎儿的动作大都是头向胸，双手紧抱于胸前，腿蜷曲、手掌紧握的姿势。出生后头、颈、躯干及四肢会逐渐伸展开来，所以宝宝出生后常有小腿轻度弯曲、双足内翻、两臂轻度外转、双手握拳，或四肢屈曲等状态。

注意：除非宝宝的大脑或神经发育有问题，否则只要等神经系统的控制逐渐由粗动作进展到细致动作后，这些状态都会自然矫正。

● 打喷嚏

新生儿偶尔打喷嚏并不是感冒的现象，因为新生儿鼻腔血液的运行较旺盛，鼻腔小且短，若有外界的微小物质如棉絮、绒毛或尘埃等便会刺激鼻黏膜引起打喷嚏，这也可以说是宝宝代替用手自行清理鼻腔的一种方式。

注意：突然遇到冷空气也会打喷嚏，除非宝宝已经流鼻水了，否则家长可以不用担心，也不用让宝宝动辄服用感冒药。

● 体重减轻

新生儿在出生一周后体重往往会减轻，这是因为宝宝的进食量还没有形成规律，加上每天排出的大小便、呼吸代谢及由皮肤排出肉眼看不出的水分等，造成体重在出生后前3—4天会减轻。减轻的量可能多达出生时体重的10%，不过随着宝宝渐渐地适应，到了第8、9天这些丢失的体重就会补回来。

注意：若10天后仍未恢复的话，就应该就医另寻原因。

● 惊跳

新生儿常在入睡之后局部的肌肉会有抽动的现象，尤其手指或脚趾会轻轻地颤动，或是受到轻微的刺激如强光、声音或震动等，会表现出双手向上张开，很快又收回，有时还会伴随啼哭的"惊跳"反应。这是由于新生儿神经系统发育不成熟所致。此时，只要妈妈用手轻轻按住宝宝身体的任何一个部位，就可以使他安静下来。

注意：如果宝宝出现了两眼凝视、震颤，或不断眨眼，口部反复地做咀嚼、吸吮动作、呼吸不均匀、皮肤青紫，面部肌肉抽动等症状时，应及时就诊。

45

● 打嗝

新生儿打嗝是极为常见的现象，由于新生儿的神经系统发育还不完善，因此打嗝、放屁的次数都较成人来得多。

注意：若家中的宝宝持续地打嗝一段时间，可以喂宝宝喝一些温开水，以止住打嗝。

● 下巴抖动

由于新生儿神经系统尚未发育完全，所以抑制功能较差，常有下巴不自主抖动的情况，家长可以不要担心。

注意：但若是寒冷季节，则需要注意宝宝的下巴抖动是否为保暖不足的原因。另外，若有伴随其他的症状，则可能是病征之一。

溢奶

宝宝在出生3个月间，贲门肌肉仍未发育健全，此时的贲门就像是一个还不能很好控制收缩的瓶口，而且新生儿的胃容量也较小，所以容易引起胃内的奶汁倒流，因此，在出生后几个月内，部分宝宝都会溢出或多或少的奶，尤其是在喂奶后、哭闹多动或轻拍宝宝背部的时候。因此当妈妈喂完宝宝后，可以用手轻拍他的背部 2—3分钟，待宝宝打嗝。避免宝宝过度哭闹或是采取右侧卧位睡姿，也可以减少溢奶的情况。

注意： 溢出的奶水通常是白色的，而且是从嘴巴慢慢的流出，若奶水是强力喷射出来的、吐出量很多，或是吐出带有胆汁的物质时就不是正常的现象了。

眼睛斜视

斜视也就是两眼眼球移动不能协调，一般而言，新生儿早期眼球尚未固定，看起来有点斗鸡眼，而且眼部的肌肉调节不良，常有短暂性的斜视，属于一种生理现象，也称为假性斜视。尤其好发于脸型宽阔、鼻梁扁平的宝宝，爸妈可以在家里自行观察。

注意： 若受到光照时，宝宝两眼的瞳孔反光点位置是一致的，即为假性斜视，并不需要治疗处理。否则，便需要经过医师诊断后手术矫治。

女婴阴道出血

女宝宝在出生后1周内，经常可以见到阴道有些许的血性分泌物或黏液，就像白带和月经一样，事实上，那是由于胎儿时期在母体内受到雌激素的影响，而出生后宝宝体内的雌激素便大幅下降，使子宫及阴道上皮组织脱落，是一种正常的生理现象。

马牙

新生儿的齿龈边缘或在上颚中线附近，常会有一些乳白色颗粒，表面光滑，为数不一。少的话可能是1—2颗，多的话可能有数十颗，这是由于当胚胎发育6 周时，口腔黏膜上皮细胞开始增厚形成牙板，为牙齿发育最原始的组织。在牙板上细胞继续增生，每隔一段距离形成一个牙蕾并发育成牙胚，以便将来能够形成牙齿。当牙胚发育到一个阶段就会破碎断裂并被推到牙床的表面，即我们俗称的"马牙"或"板牙"。

注意：一般在两周左右就可以自行吸收，不能用针去挑或用布擦，以免损伤黏膜，引起感染。

🔵 乳房增大

母亲怀孕时体内雌激素与催乳素等含量逐渐增多，到分娩前达最高峰，这些激素的功能在于促进母体的乳腺发育和乳汁分泌，而胎儿在母体内通过胎盘也受到这些激素的影响，因此不论男宝宝或女宝宝的胸部都会稍微突起，有些甚至会分泌少许乳汁，俗称"新生儿乳"。这些都属于正常现象，不需任何的治疗。在胎儿离开母体后，来自母体激素的刺激消失，胸部也会自然平坦。

注意：父母不用刻意去挤压宝宝乳头，以免引起感染。

🔵 体温波动

新生儿的体温调节中枢尚未发育得像成人一样完善，因此调节功能不好，体温的波动也较大。感受到凉意时，新生儿不会像成人一样颤抖，他只能依赖一种称为棕色脂肪的物质来产生热能，且新生儿的体表面积较大（按照体重比例计算），皮下脂肪又薄，所以衣物穿少了可能体温过低，穿多了还可能引起暂时性的轻微发烧。因此，要保持新生儿体温正常，应让新生儿处于通风及温度适中的环境内。

注意：若有轻微的发烧，可以让宝宝多喝点水、注意衣物宽松舒适，过1个小时再测量宝宝的体温，一般以测量肛温最为准确。

🔵 肤色变化频繁

新生儿的血管伸缩功能和末梢循环尚未健全，因此肤色的变化非常频繁。天冷时手脚会稍稍有点发紫，而哭泣时则会满脸通红，有时甚至会因为睡眠的姿势关系，身体两侧或上下半身也会出现不同的肤色，这些都是属于正常的现象。若新生儿出生后2—3天皮肤变黄，但过7—10天后就逐渐消退，则为生理性黄疸，父母不用太过担心。

注意：若在出生后24小时内出现皮肤发黄，且迅速加重，则可能是病理性黄疸，需要送医就诊。

脱皮

几乎所有的新生宝宝都会有脱皮的现象，不论是轻微的皮屑，或是像蛇一样的脱皮，只要宝宝饮食、睡眠都没问题就是正常现象。脱皮是因为新生儿皮肤最上层的角质层发育不完全，容易脱落。此外，新生儿连接表皮和真皮的基底膜并不发达，使表皮和真皮的连接不够紧密，造成表皮脱落的机会增多。这种脱皮的现象全身部位都有可能会出现，但以四肢、耳后较为明显，只要于洗澡时使其自然脱落即可，无须特别的采取保护措施或强行将脱皮撕下。

注意：若有脱皮、红肿或水泡等其他症状，则可能为病征，需要就诊。

呼吸不规律

新生儿的呼吸运动很表浅而没有规律，呼吸频率较快。在出生后的前两周，呼吸频率1分钟大约在40次以上，有的新生儿也可能多达80次，这些都属正常现象。这是由于新生儿肋间肌较为柔软，鼻咽部及气管狭小，肺泡顺应性差，由于呼吸运动主要是靠横隔肌肉的升降，所以新生儿以腹式呼吸为主，胸式呼吸较弱。又因为新生儿每次呼气与吸气量均小，不足以满足身体的需求，所以呼吸频率较快，属于正常的生理现象。

注意：若是早产儿或肺部发育较差的宝宝因缺氧而脸色发青时，可以刺激宝宝哭泣，促使肺泡张开，增加换气量。

亲子互动游戏

第一周

玩是宝宝的天性，准备一些适合宝宝的玩具是很有必要的。通过玩具还能够提高宝宝的注意力、观察能力和认知能力。可以给宝宝准备一些用手捏可以发出声音的橡胶玩具，或者是小型的玩具，还可以选择一些色彩鲜艳，声音悦耳的吊挂玩具，如：彩色气球、吹气娃娃、彩条旗、较大的毛绒玩具、拨浪鼓等等。

本周你可以用图案鲜明的图放在距离宝宝眼睛20—25厘米处让他注视，直到宝宝不想看为止。另外，还应多和宝宝说话，虽然宝宝现在还不会说话，但是宝宝会很喜欢听到家长的声音。

● 第二周

在这一周里可以给宝宝准备八音盒等发音玩具，图片方面准备一些黑白图案的卡片给宝宝看，通过这些充分的调动宝宝的学习欲望、智力会大大的提高。

1、妈妈可以和宝宝玩"注视眼睛"的游戏，抱起宝宝的同时注视着宝宝的眼睛。这个游戏不但有助于发展宝宝眼部的肌肉，还会增进亲子感情。

2、小手抓取反射的游戏也是很好玩的，用你的手指轻轻的触碰宝宝的手掌，这时宝宝就会条件反射的抓住你的手指头，这种小游戏能够增强宝宝的抓握能力和手部肌肉的发展。

● 第三周

本周和宝宝玩游戏的时候，要注意随着宝宝清醒时间的加长，宝宝也会有更多的反应了。要留意当宝宝目光转开，变得急躁，踢腿或者打哈欠的时候，就说明宝宝已经玩够了。和宝宝身体的接触也很重要，多抱抱宝宝，多和宝宝说话，并且变换说话的声调和音调来说宝宝的名字。

妈妈和宝宝可以玩一个"脚踏车"的游戏，当宝宝平躺在床上时，妈妈双手握住宝宝的双脚，然后循环交替轻轻移动宝宝的双腿，就好像蹬脚踏车一样。这个游戏能够增进宝宝的肌肉发展，同时宝宝也会感受到活动的韵律，建议每次做一两分钟即可。

● 第四周

本周应该多让宝宝感受不同质感的东西，来锻炼宝宝的触觉。比如：天鹅绒、丝、厚绒毛、软羊毛、棉布等等，用这些布料轻轻的触摸宝宝的皮肤，让宝宝去感受不同。这个游戏可以提高宝宝的触觉敏感，加强反应能力。

找玩具：当宝宝仰躺着的时候，妈妈可以在距离宝宝头上30厘米左右的地方摇响玩具，最好是发音柔美的小摇铃。轻轻地摇动，直到宝宝能够听着声音找到玩具为止。当宝宝找到了玩具的时候，再将玩具缓缓的移动到另一边，宝宝的眼睛会随着玩具的方向去找，这个游戏能够很好的练习宝宝的视觉追踪的能力。

宝宝本月成长记录

体重	
身高	
头围	
囟门	
牙齿	
饮食	
活动	
大便	
睡眠	
其他情况	

第三章 宝宝1个月

发育正常的宝宝，此时的体重比出生时大约增加1公斤，身高大约增长3厘米。发育快的宝宝可以增长2公斤，身高增长8厘米。宝宝每天可能睡16—18个小时，几乎没有宝宝能一觉睡到天亮。有的宝宝能抬头了，有的宝宝头颈已经可以竖起来了，但时间不宜太长。

宝宝开始会认得你的脸和声音了，他眼光会随物体移动，并且可以很专注地凝视你，高兴时还会冲你莞尔一笑。最让父母惊喜的是宝宝开始"说话"了，他会发出各种声音来表达感情和需要。你和他说话时，他的嘴巴可能会一开一合地咿呀学语，同时他的头也会不停地动，妈妈一定要回应宝宝，和他面对面亲切"交谈"。

宝宝能够越来越好地控制颈部的肌肉，他可以更常移动头看他周围的东西。当宝宝俯卧时，不但可以抬头数秒，还可以伸展小腿了。宝宝美丽的笑容越来越多，现在的笑容已经不再是过去的无意识状态，他现在的笑已经更有社会性了。

现在宝宝的睡眠和清醒状态已明显不同，宝宝醒着的时候更加活泼和灵敏，他开始更多地观察周围的世界。宝宝的视力在增强，对物品的记忆持续增长。宝宝开始喜欢图案、颜色和形状更复杂的东西，把他的床边布置得丰富有趣些，吸引宝宝去注视。如果宝宝头颈力量有所加强，可以尝试将宝宝竖直抱起，让宝宝看看周围的环境，有益于宝宝智力发展，宝宝也会很开心。

宝宝进入了第七周，感官逐渐变得更协调。他会有意地转向有趣的声音来源，并且能够轻易地追踪移动物体了，开始是左右方向，然后进展到上下方向。宝宝有时还会把小手举在眼前，好奇地凝视把玩，或者把小拳头送到嘴里去吸吮。小婴儿握拳头是把拇指放在四指内，而不是放在四指外，这是小婴儿握拳的特点。

宝宝每天要有两三次小睡，总共的睡眠时间大概在15个小时左右，他会利用更多的时间玩耍，以提高自己的技能。当宝宝俯卧，他可以用前手臂将头撑起片刻。随着宝宝头部的灵活转动，他的视线范围也越来越大了。现在多数宝宝已能区别父母和其他人，当他看见妈妈或爸爸时，脸上会立刻绽露出笑容，还会手脚一齐挥动，显出很兴奋的样子。

现在宝宝每天清醒时间大约有10个小时。以坐姿抱着宝宝时，多数的时间宝宝的头都能保持直立。做俯卧抬头时，可以将头抬到45度。宝宝会很迷恋自己的小手，他会把两只小手互相握起来，还会拿到眼前看一看。有的宝宝开始学着吸吮大拇指，能把放在他手中的玩具紧紧握住，尝试着把拿到的东西放到嘴里，但有时可能会打在脸上。一旦放到嘴里，就会像吸吮乳头那样吸吮玩具，而不是啃玩具。

宝宝逐渐在存储记忆，这使得宝宝能够将某些事件和特定的结果关联起来，比如，当宝宝看到妈妈拿着奶瓶，会非常兴奋，这是因为他把奶瓶和喂奶联系在一起。当别人抱宝宝时，他可能不会有特殊的表达，但妈妈出现时，他会显得特别兴奋，这也是对妈妈的一种特殊记忆。

一、本月特别关注

室外空气浴

室外空气浴可以让宝宝呼吸到新鲜空气，促进宝宝的新陈代谢。在室外，宝宝可以接触到紫外线，促进宝宝体内维生素D的产生，进而增强钙的吸收。同时由于室外空气温度比室内低，宝宝在户外可以使皮肤和呼吸道黏膜受到冷空气的刺激与锻炼，从而增强对外界环境的适应能力和对疾病的抵抗力。

一般来讲，宝宝满月后就可以带到户外进行空气浴了。刚开始时每天几分钟，逐步加长至1—2小时。夏季要选择早晚阳光不是很强烈的时候，并注意不要让宝宝的皮肤直接在日光下暴晒；冬天则最好在中午气温较高的时候出外，天气较暖时还可以露出宝宝的头部、手部等皮肤；春秋两季风沙太大则不要外出，可以选择在有阳光的房间或阳台上晒太阳，但不能隔着玻璃，因为紫外线不能穿透玻璃，因此隔着玻璃晒太阳是没有效果的。

☺ 宝宝体检

在宝宝出生后42天，需要去医院进行产后与发育检查。这个检查不是必须要做的，但是从对宝宝和妈妈健康负责的角度出发，还是建议要做一下。

一般来讲，宝宝要做的检查包括体重、身长、头围、胸围的测量，以及婴儿智能发育的评价。妈妈的检查主要是询问妊娠、分娩和坐月子的情况，检查产后恢复情况等。

体重是判定宝宝体格发育和营养状况的一项重要指标，测量体重时宝宝最好空腹并排空大小便，测得的数据应减去宝宝所穿的衣物及尿布的重量。爸爸妈妈不仅要关注宝宝体重是否达到参考标准，还应该注意宝宝体重的增长速度。

身高是宝宝骨骼发育的一个主要指标，身高受很多因素影响，如遗传、内分泌、营养、疾病及体育锻炼等。所以，一定要保证宝宝营养全面、均衡，睡眠充足，并且每天保持一定的活动量。

头围能够反应宝宝的脑发育情况、脑容量大小，也是宝宝体格发育的一项重要指标。宝宝的头围发育有个正常范围，长得过快或过慢都是不正常的。

53

☺ 产后抑郁症

50%—75%的新妈妈产后都会有一定程度的毫无原因的伤心和焦虑情况，通常在产后一周内开始，持续不到两周自行消失。但也有10%的女性会发展为较严重的持续时间长的产后抑郁症。

产后抑郁症是妈妈产后由于体内激素以及心理变化所带来的身体、情绪、心理等的一系列变化。症状有紧张、疑虑、内疚、恐惧等，极少数严重的会发展为离家出走、甚至有伤害孩子或自杀的想法和行动。

如何防治产后抑郁症：

1、做好要孩子的心理准备；

2、生完小孩后，不要接待太多客人；

3、孩子睡觉时，自己也休息一下；

4、多运动，到户外散步放松；

5、合理膳食，不饮酒，不吃含咖啡因的食物；

6、多与家人朋友接触；

7、处理好与爱人的关系；

8、准备好应对发生的一切事情，包括好事和坏事；

9、必要时寻求医生的帮助与治疗。

囟门

宝宝出生后，由于颅骨尚未发育完全而存在缝隙，因此在头顶和枕后有两个没有颅骨覆盖的区域，前囟门和后囟门。

出生时前囟门大小约为1.5×2cm，平坦或稍凹陷，到宝宝1岁至1岁3个月时，前囟门完全闭合，后囟门在2—3个月时就已经闭合。

囟门是反应宝宝头部发育和身体健康的重要窗口，囟门异常状况可能有：

• 囟门鼓起：可能是颅内感染、颅内肿瘤或积血积液等。

• 囟门凹陷：多见于因腹泻等原因脱水的宝宝，或者营养不良、消瘦的宝宝。

• 囟门早闭：指前囟门提前闭合。此时必须测量宝宝的头围，如果低于正常值，可能是脑发育不良。

• 囟门迟闭：指宝宝1岁半后前囟门仍未关闭，多见于佝偻病、呆小病等。

• 囟门过大或过小：囟门过大可能是先天性脑积水或者佝偻病。过小很可能是头小畸形。

妈妈发现以上这些异常情况，应及早就医，以便得到正确的诊断与治疗。

二、和妈妈有关的话题

如何喂养

● 第一周

母乳是永远是小宝宝最好的食品，然而并不是所有宝宝都能接受母乳喂养。如果你有以下情况，为了宝宝的健康，你不得不放弃，但这并不影响你作为一个合格的好妈妈。

- 患慢性病需长期用药的妈妈；
- 甲状腺功能亢进尚在用药物的妈妈；
- 处于细菌或病毒急性感染期的妈妈：

母亲乳汁内含致病的细菌或病毒，可通过乳汁传给婴儿；

- 正在进行放射性碘治疗的妈妈：

由于碘能进入乳汁，有损宝宝甲状腺的功能。

第二周

不管是顺产还是剖腹产，也许现在你还会感觉虚弱、胃口比较差。如果这时过量"进补"，只会让胃口更加减退。而且摄入油脂过多可能会让乳汁也变油，使宝宝腹泻。所以你的饮食还要以轻淡、易消化为主。

不得不给宝宝使用配方奶喂养的妈妈要学会科学正确冲奶粉的方法：洗净双手及喂养用的奶瓶，把约50度的温开水倒入奶瓶，一定不要先放奶粉再放水，奶粉的比例请按配方奶的要求添加，不宜过浓或过淡。也不要在奶粉里加糖、果汁或药品。宝宝喝剩的奶粉请一定倒掉不要留到下一顿。

第三周

在夜间是否需要弄醒宝宝吃奶？在最初几个月，大部分的小宝宝都需要半夜喂奶，如果你的宝宝能一觉睡到天亮或连续睡4至5小时，这些是多让人羡慕的事呀！不必担心宝宝会饿而半夜把宝宝叫醒起来吃奶，只要白天吃奶就可以了。

第四周

虽然我们提倡母乳喂养，但有的妈妈可能因为种种原因无法实现自己的"奶牛"梦想，有的小宝宝是进行着混合喂养或完全奶粉喂养。在这里要提醒妈妈们，即使你用奶粉喂养也不要选择成人的袋装液态奶给宝宝，还是要选择婴幼儿专用的配方奶粉，并按宝宝月龄来选择不同阶段配方奶。配方奶喂养的宝宝还要每天喝水，以防止宝宝便秘。

个别宝宝会对配方奶过敏，对于这样的宝宝要选择专门的乳糖不耐受特殊配方奶粉喂养。

每一个宝宝都是天生的"美食家"，当她尝到第一口"甜"的味道后就从此拒绝无味的白开水。所以妈妈们一定不要在配方奶或白开水的基础上加糖了，否则小人儿会用罢饮的招数来回报你。

😊 营养食谱

● 第一周 乌鸡白凤菇汤

原料： 乌鸡一只，白凤菇一两，盐、食用油、黄酒少许。

做法： 乌鸡洗净。将水放入锅内煮沸，加入少许黄酒、乌鸡用小火煮至肉烂，放入白凤菇，再煮2—3分钟，即可食用。

功效： 生精养血、增乳。

● 第二周 甜糯米饭

原料： 圆糯米、桂圆肉、葡萄干、枸杞、白糖、黑麻油少许。

做法： 1、圆糯米洗净，桂圆肉切小片。

2、将所有材料及米酒一起放入锅中蒸熟。

3、趁热取出，拌入砂糖和黑麻油调匀。

功效： 补充生产时所消耗的铁质(血液)大量流失。

● 第三周 山楂粥

原料：山楂15克，大米60克，红糖10克。

做法： 1、将山楂加水煎煮取浓汁。

2、加入大米，红糖煮成粥。

功效： 开胃消食，活血化瘀。适宜于产后恶露不尽，腹部疼痛，食欲不振等。

● 第四周 木瓜烧带鱼

原料：带鱼、生木瓜、葱、姜、醋、盐、米。

做法：1、将带鱼去鳃、内脏，洗净，切成3厘米长的段。

2、生木瓜洗净，去瓜皮核切块。

3、砂锅置火上，加入适量清水、带鱼、木瓜块、葱段、姜片、盐、米酒、烧至熟即成。

功效：养阴、补虚、通乳。

为宝宝做些什么？

第一周

•每天练习竖着抱孩子，两手分别撑住孩子的枕后、颈部、腰部、臀部、以免伤及孩子的脊椎。由于宝宝还小，每天练习竖着抱的时间不宜过长。

•当宝宝心情不好的时候，用一些方法分散他的注意力，如：做鬼脸、拿玩具逗他等。

•经常和宝宝面对面地"说话"，你提高嗓音重复宝宝说的"话"，宝宝会很兴奋。

•这个时候可以带宝宝出门走走，开开眼界了，但是一定要选择个好天气哦！

•孩子对环境的要求依然很严格，冬天室内保持在22°C左右、夏天保持在28°C左右。

第二周

•多给孩子听优美的音乐，和孩子交谈时要用不同的语气、语速，锻炼孩子的听力水平。

•宝宝可以很好的体察大人的情绪，所以父母一定要调节自己的情绪，更不要在宝宝面前吵架。

•和宝宝面对面，用语言、表情多逗宝宝笑。

•宝宝42天了，别忘了带他去医院体检。

第三周

•妈妈和主要的看护人要尽量不与宝宝分开很长时间，否则会使宝宝产生分离焦虑。

•可以给宝宝看生动的照片、颜色丰富的图画。

•拿一面镜子，让宝宝从镜子里看到自己的模样，增强自我意识。

•带宝宝到室外晒太阳，多跟同龄的小伙伴们"交流"。

•每天适当地竖立抱着宝宝一会，增大他的视野，刺激他的视觉发育。

第四周

•由于孩子觉醒时间的延长，尽量多陪孩子玩。

•每天接受阳光浴和空气浴是非常必要的，除了寒风凛凛的冬季，每天都要进行户外活动。

•宝宝睡着的时间渐渐变长，当心宝宝出现"日夜颠倒"。

妈妈常见的问题

新生儿的正常体温是多少？

由于新生儿的体温调节中枢发育不完善，新生儿皮下脂肪很少，排汗散热能力弱，身体对外界温度变化的调节能力比较差，所以，新生儿对外界环境温度的变化非常敏感，很容易随着环境温度的变化而变化。

新生儿的体温在36℃～37℃之间就是正常的，偶尔可能会随着环境温度的变化有所改变，月子妈妈们不用担心，适当调整一下环境温度和宝宝的衣服就会有改善。宝宝的房间温度控制在24℃左右就可以了。

如果宝宝的体温继续升高，宝宝的精神状态也有些不佳，就应该到医院去看医生。

如何祛除新生儿的乳痂？

新生宝宝头皮的皮脂腺分泌很旺盛，如果不及时清洗，这些分泌物就会和宝宝头皮上的脏东西积聚在一起，时间长了就形成厚厚的一层乳痂，看上去脏脏的，令人非常不舒服。一些妈妈很想替宝宝去除，可她们又害怕万一碰伤宝宝囟门，所以迟迟不敢下手；而还有另一部分妈妈会选择用力把它们抠掉，或用草药外敷，尤其是在脑门附近，这些做法又非常危险。可以用以下方法来清除：

植物油梳理

为保证植物油的清洁，一般要先将植物油加热消毒，放凉，以备使用。另外，一些以植物油成分为主的婴儿油或婴儿润肤露也是帮助宝宝清洗乳痂的不错选择。

在为宝宝清洗头皮乳痂时，先将冷却的清洁植物油涂在头皮乳痂表面，不要将植物油立即洗掉，需滞留数小时，头皮乳痂就会变得松软，比较薄的头皮乳痂会自然脱落下来，比较厚的头皮乳痂则需多涂些植物油，多等一些时间。

当头皮乳痂松软没有脱落时，可用小梳子慢慢地轻轻地梳一梳，厚的头皮乳痂就会脱落，然后再用婴儿皂和温水洗净头部的油污。

去痂护理

清洗时，要注意动作轻柔，不要用手指甲去硬抠，更不要用梳子去刮，以免损伤头皮而引起感染。

宝宝颅囟处也必须清洗，只要注意动作轻柔，是不会给宝宝带来伤害的。

在清洗后还要注意用干毛巾将宝宝头部擦干，冬季可在洗后给宝宝戴上小帽子或用毛巾遮盖头部，防止宝宝受凉。

怎样正确抱宝宝？

婴儿生长发育的特点是头大、头重、骨骼的胶质多，肌肉还不发达，肌肉力量较弱。因此，1个月的婴儿只能稍稍抬头片刻，3个月后才能初步直立。由于颈部和背部肌肉发育还不完善，1—3个月的婴儿不能较长时间支撑头的重量。因此，抱1—3个月的婴儿的姿势是很讲究的，关键是要托住婴儿的头部。

1—2个月的婴儿，主要是平抱，也可采用角度较小的斜抱。平抱时让婴儿平躺在成人的怀里、斜抱时让小儿斜躺在成人的怀里。不论是平抱还是斜抱，成人的一只前臂均要托住婴儿的头部。另一只手臂则托住婴儿的臀部和腰部。对于易吐奶的小儿则应采取斜抱，这样可防止吐奶或减轻吐奶的程度。

3个月的婴儿主要采取斜抱或直立抱，斜抱时小儿向上倾斜的角度可稍大些。小儿采取直立抱时，有两种姿势可供选择。一种直立抱姿势是婴儿背朝成人坐在成人的一只前臂上，成人的另一只手拦住婴儿的胸部，让婴儿的头和背贴靠在成人的前胸；另一种直立抱姿势是让婴儿面朝成人坐在成人的一只前臂上，成人的另一只手托住婴儿的头颈、背部，让婴儿的胸部紧贴在成人的前胸和肩部。

抱婴儿既要注意保护好婴儿，还要抱得舒服，同时使婴儿有安全感。抱起和放下的动作要慢要轻。

如何护理男婴的会阴？

男生会阴部也兼有排泄和生殖的功能，会阴部包括阴茎、尿道外口、包皮、阴囊、腹股沟和肛门周围。阴茎的最前端叫龟头，富含神经末梢，因此特别敏感。尿道兼有排尿和射精功能。

在幼年时，男生阴茎的包皮会将阴茎头盖住。随着青春期发育的开始，阴茎逐渐增大，包皮会逐渐往后退缩，露出部分或整个阴茎头。这个过程需要的时间较长，一般要到18—25岁才能发育完全。

阴囊、阴茎皮肤皱褶多，汗腺多，分泌力强，大量的汗液、尿液及粪便残渣易污染到整个的阴茎、阴囊和会阴区，如果通风不畅，容易导致细菌等微生物的繁殖。

另外，阴茎头部冠状沟内相当容易积淀脏东西，形成白色甚至紫黑色的"包皮垢"。包皮垢是细菌繁殖的温床，它很容易导致包皮和阴茎头发炎。

男宝宝在选择尿布和内裤时，遵循的原则也是吸收力强的、透气的、纯棉质的、舒适的。男宝宝的内裤一般会有一个突出的兜起，以更好保护会阴部。

男宝宝的睾丸喜欢凉爽的环境，长期处于温度过高的环境将可能导致制造精子的能力下降，所以男生妈妈们一定记得给男宝宝穿宽松的裤子，保持下身的通风、干燥。

清洁男宝宝的会阴部，轻轻将包皮往上推送，露出龟头，然后用软毛巾轻轻清洗，以保持包皮囊内的清洁，不要让冠状沟处生出包皮垢。对于包皮过长的孩子，应轻轻上翻包皮至冠状沟处，将包皮垢一并清除。

妈妈在做这些的时候动作一定要轻柔，小宝宝的皮肤很娇嫩，这个部位还有丰富的神经和血管，过度刺激会不舒服的。

如何护理女婴的会阴？

女宝宝的阴道属于外生殖器官，兼有排泄功能。上端与子宫、输卵管相连直通腹腔，下端则与外界直接相通；阴道的开口处前方是尿道口，后方是肛门；这样也就兼任着排泄口的作用了。阴道外面两侧的小阴唇经常合拢关闭，阴道前后壁又紧贴在一起，形成了自然的防御屏障。

干净、清爽、透气的环境是阴部最理想的环境。女宝宝还没有离开尿布，无论是使用尿布还是尿不湿，都应当选择透气性好的，安全卫生的。

便后妈妈们一定要记得及时更换尿不湿。尿道的开口处直接与内部器官相通，尿液的残留成分会刺激宝宝皮肤，容易患尿布疹；干扰严重了，会过敏发炎。如遇红臀现象，可擦柔和的婴儿护臀霜。

内裤的选择，应该是吸收力强的、透气的、棉质的、宽松舒适的。妈妈们请早点给女婴穿满裆裤，尽量少让外面不干净的细菌轻易的和阴部直接接触。

清洗女孩的阴部，要注意顺序，要从上到下、从前到后清洁。只要用软毛巾轻轻清洗外部阴道口就好了，千万不要洗里面，弄不好还要让阴部娇嫩的皮肤受伤，那是每个年轻妈妈都不希望的。

洗过以后要及时擦干水分，让阴部时刻保持干净清爽。有些妈妈有给阴部扑爽身粉的习惯，其实很不妥当。爽身粉可能和着未擦干的水汽以及汗液，积累在皮肤的皱处，结成小颗粒，摩擦皮肤后可能使婴儿娇嫩的皮肤溃烂，妈妈们千万不要好心办坏事。在给婴儿清洁前，应注意手部的卫生，避免污染。

三、和宝宝有关的话题

宝宝成长指标

第一周

1个月宝宝体重、身高参考值：

- 男婴体重3.4—5.8kg，身长50.8—58.6cm；
- 女婴体重3.2—5.5kg，身长49.8—57.6cm。

生理发展：

- 动作开始变得更自发性，反射动作开始消失。

感官与反射：

- 容易被妈妈的声音安抚。

心智发展：

- 会发出各种声音来表达感情和需要。

社会发展：

- 认得妈妈的脸和声音。

第二周

生理发展：

- 俯卧时，不但能抬头数秒，还能伸展小腿。

感官与反射：

- 模糊地注视着周围环境。

心智发展：

- 对物品的记忆持续增强。

社会发展：

- 看到别人微笑时会跟着微笑。

第三周

生理发展：

- 白天清醒时间加长。

感官与反射：

•两只小手互相握起来。

•喜欢看自己的小手。

•吸吮自己的小拳头。

心智发展：

•对声音感兴趣。

社会发展：

•看到人感到兴奋。

● 第四周

生理发展：

•以坐姿抱着宝宝时，多数的时间宝宝的头都能保持直立。

•俯卧时，可以将头抬到45度。

感官与反射：

•两只小手互相握起来。

心智发展：

•会把物品和相应的称呼联系在一起。

社会发展：

•会清醒且直接地看人。

•看到妈妈，会特别地兴奋。

宝宝常见的问题

新生儿脐疝怎么办

只要宝宝的健康情况良好，成长发育顺利，而且没有什么并发症，那么即便是脐疝气也没有太大的问题，肚脐基部仍为敞开的环状结构，直径不超过一厘米，无伤大雅，等宝宝渐渐长大，身体的构造功能成熟后，一般在1岁左右会自行缩小消失。

宝宝长了鹅口疮怎么办

当发现宝宝口腔内有类似花瓣的斑块时，不要随便揩洗，以免黏膜损伤引起细菌感染。确诊孩子患有鹅口疮后，爸爸妈妈可以用消毒药棉蘸2%的小苏打水擦洗口腔，擦洗的时候动作要轻，再用1%龙胆紫涂在患处，每天1—2次。还可以取制霉菌素一粒弄成末，加入5ml甘油调匀，涂搽在患处。

通常用药几天以后病症就会消失，但是鹅口疮特别容易反复发作，所以家长应该在病症消失以后继续用药几天，以巩固疗效，避免复发，尽量一次治愈。应该在孩子进食以后过一段时间再给孩子用药，以免引起孩子呕吐。

除了用药，平时的护理也是十分关键的，所用一切物品必须严格消毒，护理宝宝的人也要注意个人卫生，要干净。妈妈每次喂奶前，一定要用清水清洗奶头，天天要换洗内衣。宝宝要勤洗手，杜绝可以引起反复感染的环节。鹅口疮消失后继续口服药物2—3天，以防止复发。

用药最好还在医生的建议下根据宝宝的情况加以调整，不行的话也可以换一家医院或住院治疗。

宝宝的鼻子为什么不能随便捏

"孩子的宝宝鼻子扁，经常捏捏，鼻子就会长得挺。"这是我们的传统观念。同许多旧观念一样，这样做非但起不了作用，还会损害宝宝的健康。

幼儿的鼻腔黏膜娇嫩、血管丰富，如果经常捏小孩的鼻子，会损伤黏膜和血管，降低鼻腔防御功能，从而容易被细菌、病毒侵犯，导致疾病的发生。

另外，幼儿的耳咽管较粗、短、直，位置也比成人低，乱捏鼻子还会使鼻腔中的分泌物通过耳咽管进入中耳，引起中耳炎。

如何护理新生儿眼睛

首先，注意不要强光刺激宝宝的眼睛。宝宝出生前在妈妈子宫里经过了9个月漫长的暗室生活，并且，新生儿的视觉系统还没有发育完全，对于较强光线的刺激还不能进行保护性的调节，所以对光的刺激非常敏感。

其次，新生儿出生时，由于产道的挤压和羊水的刺激，会出现眼睑水肿、眼睛发红等现象。在医院里医生都会给处理。回家后，要保持眼部清洁。每天可用棉签蘸上清水，由内侧向眼外角两侧轻轻擦拭。如发现眼屎多或结膜充血，最好到医院看医生，在医生的指导下用点眼药水很快会好的。

还有，如果发现宝宝眼睛总是泪汪汪的，看看下眼睑的睫毛是不是倒插眼内，触到眼球。倒睫刺激了角膜，就会流眼泪。对这种情况不用紧张，轻轻将眼皮拨开，让眼睫毛离开眼球就行了，一般过了几个月，倒睫的现象就会自然消失。

如何帮助孩子拍嗝

让孩子坐在自己的腿上，然后再轻拍后背的方法也可以。因为孩子坐着的时候，胃部入口是朝上的，因此打嗝也就比较容易了。

吸入胃中的空气，有时会夹在前后吸入的奶汁中，此时如果将孩子上身直立起来，将有利于胃中空气的排出。因此，妈妈可以将孩子竖着抱起来，或者可以给孩子垫高后背使上身保持倾斜30分钟左右。

😊 亲子互动游戏

⦿ 第一周

本周可以准备一个颜色鲜艳而且大小是宝宝容易看得到的球，玩滚球游戏。让宝宝躺在大床上或者是地板上，然后坐在宝宝的身旁，慢慢的滚球，有些宝宝只是看着球，有些宝宝会试图去抓住球。

也可以跟宝宝说一些童谣了，最好是有节奏有韵律的儿歌童谣，宝宝一定会很喜欢听的，说童谣的时候要是有一个手偶套在家长的手上，跟着儿歌的韵律去互动就更好玩了。

屋内旅行游戏可以让宝宝大开眼界，提高认知。家长抱着宝宝在屋子里面慢慢的走动，当宝宝的眼睛看着哪里，家长就为解释这个是什么，干什么用的。如果是可操作的电器，在孩子感兴趣的情况下，家长不但可以解释，还可以带着宝宝实际操作一下，帮助宝宝积累生活经验和丰富知识。

第二周

宝宝的耳朵开始敏感了，多听听不同的声音很有好处，像歌曲、自然音乐、雷声、雨声、风铃声、小动物叫声等等。

当宝宝趴着的时候，妈妈可以拿一个发声的玩具或者是发条玩具吸引宝宝抬头，抬头早的宝宝可是很聪明的。

游戏"伸手抓"也很有意思，当妈妈拿出一个小玩具靠近宝宝的时候，宝宝一定会拱起脖子想要看清视线里面的玩具，甚至会伸手想要去抓住这个玩具，这时，妈妈可以让宝宝抓住握两分钟，如果宝宝丢弃玩具，游戏可以再反复。

亲子互动的"拉起游戏"：当宝宝仰卧的时候，抓住宝宝的双手，轻轻的向前拉起，这样宝宝可能就会弯起小脖子，同时，妈妈可以一边拉起宝宝一边说着有韵律的儿歌。这个游戏可以鼓励宝宝抬头。

第三周

本周准备一些可以吸吮的橡胶玩具，宝宝可能会抓也可能会咬玩具。小镜子也是很好的选择。可以让宝宝看见镜子里面的自己，认识自己。

相信妈妈一定很想和宝宝共舞吧，本周里，家长可以准备一些舒缓的轻音乐，还有稍稍欢快的儿童歌曲等不同风格的音乐，然后在音乐中妈妈抱着宝宝跟着节拍摇摆或者转圈圈。这样的亲子舞蹈能刺激宝宝的听觉和小脑的发育，发展宝宝的平衡能力，这些能力都有助于以后宝宝的坐、站、走。

第四周

宝宝的嗅觉渐渐敏感起来。本周可以用醋和妈妈常用的比较清淡的香水，放在宝宝鼻子下方轻轻地晃动两三下，给予宝宝嗅觉的刺激。

当给宝宝换尿布的时候，妈妈的面目表情一定要很丰富，也可以扮鬼脸。同时看看，是不是宝宝也在模仿你的表情呢？一定很有意思的。

宝宝本月成长记录

体重	
身高	
头围	
囟门	
牙齿	
饮食	
活动	
大便	
睡眠	
其他情况	

第四章 宝宝2个月

宝宝的脑部发育正在发生一个大的飞跃，与之相伴的是他行为上的大变化，宝宝对外部世界更加敏感和好奇。现在，宝宝后囟大约已经闭合，说明软骨已经变硬成为骨骼。大多数的宝宝夜里连续睡眠的时间会更长，并且在白天会有固定的小睡习惯。宝宝的原始反射行为开始消失，取而代之的是自发性的动作。他四肢的抽动动作开始减少，而变得越来越有韵律。宝宝依然喜欢"研究"自己的小手，直到累得举不动。

他视力也已发展到能看清1米以内的所有东西，能吸引宝宝的不再是黑白色块，他更喜欢那些更为复杂的、有更多细节的图案、色彩和形状。他也非常喜欢人脸。听觉上，他会从多人的谈话中听出母亲的声音。如果宝宝进食时听到了熟悉的声音，他会停下来更仔细地听，有的宝宝可能会咯咯笑出声来。

宝宝的头更稳定了，因为宝宝的颈部肌肉正逐渐在发育。他能够更好地控制手臂动作，他可能会做脚踏车的动作来移动四肢。如果宝宝小床附近挂着玩具，他可能会摇晃着、伸手去拿。宝宝胳膊上劲儿也大了，拉着手腕就可以坐起。他的手掌不再总是紧握着小拳头了，有时会张开闭拢，能够抓住一会大人递到他手里的东西。这个时期的宝宝已经具备了高度感，如果你突然放低他，他会吓一大跳。

你可能会听到宝宝发出各种不同的声音，尖叫、咕噜、咯咯笑声。你知道吗？宝宝情绪越好，发音越多哦！当你对宝宝说话，宝宝也会咿呀学语。到了这个月，宝宝已经能分辨出是妈妈在说话，还是爸爸在说话。宝宝的嗅觉在这个月也有了很大的进步，会有意回避难闻的气味。

宝宝看上去越来越漂亮了，皮肤细腻，有光泽，弹性好，脸部皮肤变得很干净。宝宝的眼睛变得有神，能够有目的的看东西。宝宝现在会辨认熟悉的人和声音，大多数的宝宝在这时已能够把父母和其他陌生人区别开来，会主动冲妈妈爸爸笑。宝宝不喜欢独自一个人呆着，他想要随时有人陪他玩。宝宝有时会发出"啊、哦、喔"的声音，如果宝宝的情绪好，会更有兴趣练习发音，不要小看了宝宝发出的咿咿呀呀的声音，这可是语言学习的开始。

宝宝开始有目的的用手够东西，并能把放在他手中的玩具紧紧握住。他现在不仅仅吸吮小拳头了，开始学着吸吮大拇指。这个时期吃手和一岁以后的孩子吃手不同，妈妈不要制止。随着宝宝的长大，孩子会把这个运动转化为手的其他运动能力。

此时，宝宝即将满3个月了，他的大动作、精细动作的能力和过去相比都有着很大的提高。现在也是宝宝脑细胞增长的第二个高峰，爸爸妈妈要充分利用这个早教的好时机。

宝宝俯卧抬头的时间越来越长，并且能够把头和肩膀高高地抬起。 经常让宝宝做这样的练习，可以让他的肌肉更加强壮。俯卧可以带给宝宝更广泛的视觉空间，他可以更好地看到周围的环境，宝宝因而可能会越来越喜欢翻身，并且会非常熟练地从仰卧位变成侧卧位甚至变成俯卧位。宝宝会经常用一只手抓住另一只手，他想要去碰任何他够得着的东西。假如宝宝抓在手上的东西掉了，他会去寻找。宝宝的视力逐渐敏锐，他能够看到更多的物体细节，并且能够用眼睛很好地追踪物品移动的方向。

一、本月特别关注

😀 婴儿哭闹

哭闹是婴儿不能避免的特质。但新妈妈常常因此精神紧张、情绪低落。其实，哭是宝宝的一种语言，需要妈妈去耐心解读。

宝宝哭闹的原因包括：

外界因素

室内温度太高或太低，衣服被褥太热，室内光线太强，周围环境太嘈杂等，都会造成宝宝烦躁与哭闹。妈妈首先要仔细体察，排除以上引起宝宝哭闹的外在因素。

宝宝的主观因素：饿了困了时；对于不情愿做的事情表示抗议时；感觉周围环境中存在不安全因素时。另外，宝宝的情绪会受照料他的大人的影响，当妈妈烦躁不安或者对宝宝态度不好时，宝宝会因为害怕而哭闹。

疾病因素

各种疾病导致的不适都会使宝宝哭闹，当宝宝不明原因忽然高声异常哭闹，且表情痛苦，甚至出现一些腹泻、呕吐、皮肤颜色变化等其他症状时，要及时送医院诊治。

😊 婴儿湿疹

湿疹又名特异性皮炎，特异性是一种先天容易过敏的遗传体质，原因是血液中的免疫球蛋白E增多。

婴儿湿疹在出生后10—15天即可出现，表现为脸上的小红疙瘩、眉毛上浮皮样物等。脸上容易出现湿疹的婴儿，臀部也容易出现尿布疹，臀部护理时要注意保持清洁和干燥。宝宝在1—2个月时，是湿疹经常出现的时期，到了3个月，湿疹的情况会更加严重，头顶上结了很硬的一层脂肪性疮痂，脸上也有。由于瘙痒，婴儿会难受的不停地抓。

如果头顶出现硬痂，可以在洗澡前使用婴儿油浸泡20分钟，然后轻轻用温水洗去，一次洗不掉可以下次再洗。

母乳宝宝的母亲，可以试着不喝牛奶、不吃鸡蛋，宝宝的湿疹症状就可能会减轻。给宝宝洗澡时仅使用清水，贴身衣物要采用棉质物，要在日光下照射消毒。

婴儿湿疹预防很重要。平时宝宝的内衣应穿松软宽大的棉织品或细软布料，不要穿化纤织物。内、外衣均忌羊毛织物，以及绒线衣衫。最好穿棉花料的夹袄、棉袄、绒布衫等。

😊 婴儿臀部护理

婴儿由于大小便次数较多，特别是母乳宝宝，有时候每天大便六七次，如果不注意臀部护理，极易出现臀红或者尿布疹。

妈妈可以采取以下措施保护宝宝的小屁股：

•及时更换有了大小便的尿布，以免皮肤长时间受到刺激。

•若使用布尿布或者纱布尿布，质地要柔软，应用弱碱性肥皂洗涤干净并暴晒。

•选择品质好、质量合格的纸尿裤。

•不要图干净而在婴儿身下垫橡胶、塑料等材质的垫子。

•大便后要用清水冲洗臀部，用干爽的毛巾沾干水分，再让宝宝的臀部在空气中或阳光下晾一下，不要马上包上尿片，以使皮肤干燥。

•如果出现臀红现象，可使用护臀霜和鞣酸软膏。使用时需注意只用很少一点，在宝宝屁股上非常薄地轻轻涂上一层，然后用使用化妆品的手法轻轻拍打周围皮肤帮助吸收。如果涂得过多过厚，造成皮肤毛孔堵塞反而会适得其反。

😊 婴儿便秘

3个月时的宝宝，很容易发生便秘，表现为宝宝的大便次数减少、大便干硬甚至拉不下来。特别是人工喂养的宝宝，由于奶粉容易导致宝宝"上火"，如果水分补充不足，极易引起便秘。母乳喂养的宝宝也可能因为母乳不足而引起宝宝便秘。

宝宝出现便秘症状后，可以给宝宝多喂些水，或者适当喂些菜水、果汁等。

如果宝宝便秘比较厉害，粪便积聚时间过长，不能自行排出，可以试着用小肥皂条蘸水轻轻插入宝宝肛门，或者用小儿开塞露注入肛门，以刺激排便。但这些方式尽量少用，便秘症状严重时，要到医院进行诊治。

二、和妈妈有关的话题

👶 如何喂养

● 第一周

新妈妈根本不必担心自己母乳的质量，因为母乳中所含有的营养成分绝对能够满足你的宝宝的需要。除非你自己极度营养不良，那时你的奶才可能出现"质量"问题。人类幼儿的生存是如此的重要，大自然已经做好特殊安排，确保母乳的质量。比如，你在孕期所增加的脂肪，就是为了在宝宝出生后给你的母乳添燃料。

"坚持到底就是胜利"。每一个成功喂母乳的妈妈，都或多或少经历过各种困难。这时不妨让有成功母乳经验的妈妈给你加把劲，这可比喝多少下奶或者神汤都管用的，加油吧！

● 第二周

部分上班族的妈妈们，再过2周左右产假可能就要结束了，你要在上班前1—2周就做一些准备，以给宝宝和你自己一个适应过程。你可以在早晨上班前喂完宝宝后，再挤出一些奶保存在奶瓶里，供宝宝白天饮用。同时带一个手动吸奶器到公司，每3小时挤一次奶，并将挤出的奶存放在消过毒的杯子中，加盖放冰箱中冷冻保存，下班后带回家，存入冰箱，给宝宝第二天吃。用挤出的母乳喂宝宝时，可以在杯外用热水复温后喂宝宝，剩余的一定倒掉。只要妈妈有信心，掌握适当的方法，事业与奶牛是可以兼顾的。

● 第三周

我们都知道母乳的质量与妈妈的饮食关系密切。只有妈妈吃的好、营养全面，母乳才会更有营养价值。也许吃了几周近乎无盐的汤饭让你抓狂，也许有的新妈妈很想重拾孕前曾有过的抽烟、饮酒习惯，也许你对心仪已久的波浪大卷发型充满兴趣。但在哺乳期如果妈妈吸烟、饮酒、烫发染发，有可能会使有害物质进入到你的乳汁中，从而加害于你的宝宝。

另外，当妈妈长期接触有毒物质，如铅、汞等环境下也会使母乳出现污染，不利于宝宝。

● 第四周

在全世界大力提倡母乳喂养的今天，上班族的妈妈产假后继续母乳喂养是得到法律保护的。劳动法规定新妈妈可以在产假结束后至宝宝一岁，每天有一小时哺乳假。

如果你上班离家很近中午可以回家、或家里有老人保姆可以方便把宝宝抱到你公司的临时哺乳间那真是再好不过了。

如果没有这样的条件就尽可能把母乳在上班休息间隙挤出来保存吧，只要注意贮存的要点，你一样可以把母乳喂养进行到底。

😊 营养食谱

● 第一周

栗子鸡块

原料：鸡、栗子、盐、料酒、水淀粉、糖。

做法： 1、炒锅入油烧至七成热，分别下鸡块和栗子入锅炸后捞出备用。

2、炒锅留油少许，加料酒、盐和适量清水烧沸，转小火焖至七成熟，放入栗子，至鸡块、栗子酥烂，转旺火收汁，取出装盘。

● 第二周

酸菜鸭煲

原料：酸菜、鸭块、姜、黄酒、大葱、白糖。

做法：1、咸酸菜洗净切段用清水泡片刻、鸭切块备用。红椒切条、姜拍扁切片。

2、用少许油姜片爆锅，放入鸭炒出香味；加清水、黄酒煮半小时，再下酸菜煮即可。

● 第三周

枸杞炒虾仁

原料：枸杞、虾仁、胡萝卜、荷兰豆。

做法：1、虾剥皮挑出虾线，百合削成片，胡萝卜、荷兰豆切成斜片，枸杞用水泡好。

2、虾仁用料酒少许淀粉腌10分钟，胡萝卜、荷兰豆开水焯。

3、炒锅放油加蒜末炒出香味，加虾仁、胡萝卜、百合、荷兰豆炒。

4、加盐蚝油调味后加枸杞炒熟。

● 第四周

腊肉小米饭

原料：小米600克、腊肉(生)150克、油菜心35克。

做法：1、小米淘洗净，油菜洗净末粒状，腊肉切小颗粒。

2、锅中倒适量水烧沸后放入小米、腊肉粒、油菜末、盐，再次烧沸后改用小火焖煮后即可。

74

为宝宝做些什么？

● 第一周

• 如果宝宝大部分时间只用一种姿势躺着，会影响头型的形成，可经常给宝宝变换睡觉的姿势。

• 经常带宝宝回归大自然，是锻炼宝宝视力的好方法。晒太阳时要注意避免阳光直接照射眼睛。

• 这个月容易发生孩子从床上摔下来的意外，父母要注意。

• 手部的精细动作对宝宝的智能发展很重要，虽然宝宝还不会主动抓东西，妈妈可以把玩具放进宝宝的手里，让宝宝自己拿。

● 第二周

• 多给宝宝一些可以看到和能够抓到的玩具。

•拿一个玩具逗引宝宝，看他会不会伸手去够。

•如果小床上挂了音乐转铃或其他的玩具，注意要挂的高一些，否则宝宝很容易拽下来。

•给宝宝洗澡，他可能开始不听话了，妈妈要很有耐心地告诉宝宝正在洗的是哪里，坚持这样说，宝宝会逐渐地认识自己的身体。

🔵 第三周

•尽量不要让宝宝含奶嘴入睡，因为含着奶嘴的宝宝总在吸吮，会咽下过多的空气，造成腹痛。

•给宝宝准备一些颜色鲜艳、可以发出声音的玩具。

•每天把宝宝抱到镜子前，让他经常看看镜子中的自己。

•当宝宝烦躁不安的时候，为他播放舒缓轻盈的音乐可以缓解宝宝的情绪。

•当宝宝从仰卧自己变成俯卧位时，妈妈应该在旁边看着，防止堵塞呼吸。

🔵 第四周

•协助宝宝更好地练习翻身，特别是从俯卧位变成仰卧位。

•现在，宝宝有了社交欲望，多带宝宝看看他的小伙伴们。

•让宝宝自己安静的玩玩具，在他没有察觉的时候，弄出一些响声，观察宝宝是否会寻找生源。

•3个月前的宝宝，衣服会穿得比较多，现在开始，应该渐渐穿得和成人差不多了，这有助于宝宝的活动。

•给宝宝提供颜色鲜艳的玩具吸引宝宝去抓。

👶 妈妈常见的问题

什么样的枕头不能给宝宝买？

1、太软的枕头不能给宝宝使用。因为如果把头侧过来，枕头太软，就会堵塞孩子的口鼻，非常危险。

2、宝宝也不适合马鞍型枕。因为宝宝已经会转头，如果宝宝吐奶，那么吐出来的奶可能会堵塞孩子的口鼻。

怎样冲调配方奶粉？

水必须完全煮沸，不要使用电热水瓶热水，因其未达沸点或煮沸时间不够。

冲泡的水必须调至适当的温度，并将水滴至手腕内侧，感觉与体温差不多即可。因为水温过高，会使奶粉中的乳清蛋白产生凝块，影响消化吸收。另一方面，某些对热不稳定的维生素将被破坏，特别是有的奶粉中添加的免疫活性物质会被全部破坏。

不要用纯净水或矿泉水冲奶粉。纯净水没有普通自来水的矿物元素，而矿泉水由于本身矿物质含量比较多，且复杂。目前家庭用自来水都经过了科学的处理，质量符合标准，自来水煮沸后，放凉至40℃左右，再用来冲奶粉就可以了。

冲调的奶粉量及水量必须按罐上指示冲泡，奶水浓度过浓或过稀，皆会影响宝宝的健康。浓度不能过高。奶粉中含有钠离子，需要加足量水稀释。如果奶粉浓度过高，幼儿饮用后，会使血管壁的压力增加，胃肠消化能力难以负担，肾脏的排泄能力也难以承受，甚至发生肾功能衰竭。有的妈妈觉得奶粉量多宝宝可以吃得饱，其实不然，相反，奶粉冲得太稀也不行，则会导致蛋白质含量不足，同样也会引起营养不良。

泡好的奶粉在未吃过的情况下，常温存放不能超过2小时。也不要放温奶器有剩的，则应丢弃，不能再吃。

冲调好的奶粉不能再煮沸，会使蛋白质、维生素等营养物质的结构发生变化，从而失去原有的营养价值。宝宝再喝这样奶水，多获得的营养也要大打折扣。

怎样选择宝宝的奶嘴？

奶嘴材质有乳胶和硅胶之分，天然橡胶，富有弹性，很柔软，宝宝吸吮起来的口感更接近于妈妈的乳头。缺点是奶嘴边缘软，旋紧的时候容易脱位，容易渗漏。而且有橡胶特有的气味，有些宝宝可能不喜欢。硅胶即合成橡胶。比起乳胶，比较硬，但不易老化、抗热、抗腐蚀，无味无臭。虽然没有渗漏的问题，但有的宝宝吸吮时可能会产生排异感。

奶嘴形状有大拇指形、圆孔型、十字形和Y字型，根据宝宝吸吮时妈妈乳头被挤压后的形状来设计，接近乳首的感觉，宝宝的接受度更高。奶嘴孔宝宝的吸吮力和吸吮方式各有不同，不同形状的奶嘴孔，奶液的流速也会不同，适合不同的宝宝。

孔型大小一般分为S、M、L三种。小圆孔适合喝水，中圆孔适合喝奶，大圆孔则更适合用来喝米糊等辅食。

十字形孔型可以根据宝宝的吸吮力来控制奶水的流量，不容易漏奶，孔型偏大可以用来喝果汁、米粉或其他粗颗粒饮品，适合各个年龄段的宝宝。

奶水流量稳定，能避免奶嘴凹陷。就算宝宝用力吸吮，吸孔也不会裂大。孔型较大，可以在添加辅食时使用，适合习惯用奶瓶喝奶2—3个月以上的宝宝。

怎样对奶瓶进行消毒？

清洁干净的奶瓶，应该再进行消毒，以保证卫生、安全。一般，奶瓶的消毒方式分为煮沸法和蒸汽式两种。

● 煮沸式消毒

1、准备一个不锈钢的煮锅，装满冷水，水的深度要完全覆盖奶具。注意：锅子必须是消毒奶瓶专用的，最好不要和家里其他烹调食物的混用。

2、把奶嘴和奶瓶盖拿下后，将奶瓶放入锅子，煮沸。注意：塑料奶瓶最好放进煮沸的水里，玻璃奶瓶则可以放在没有煮沸的水里。

3、水烧开后5—10分钟再放进奶嘴、瓶盖等，盖上锅盖再煮3—5分钟关火。塑料奶瓶不宜烧太久，所以水滚后立刻放进奶嘴等再煮3—5分钟即可。

4、水凉了以后，用奶瓶夹取出奶嘴、瓶盖等，放在干净的器皿上倒扣晾干，放置在通风、干净的地方，盖上纱布或盖子。

● 蒸汽式消毒

目前市面上有很多电动蒸汽锅，妈妈可以按照自己的需求来选择。消毒方法治要遵照说明书来操作就行了。需要注意的是，使用蒸汽锅消毒前，要先把奶瓶、奶嘴、奶瓶盖等物品彻底清洁。在购买的奶瓶的时候，妈妈要注意奶瓶上的耐温标示，如果不耐高温的话，最好还是使用蒸汽锅来消毒。

如何给宝宝选择奶瓶？

● 观察透明度

无论是玻璃还是PC材质的奶瓶，优质的透明度都是很好的，可以看清瓶内的奶或水，瓶子上的刻度也都十分清晰、标准。

● 测试硬度

优质的奶瓶硬度高，手捏也不会变形，质地过软的奶瓶，在高温消毒或是注入热水的时候会变形产生有毒的物质。

● 闻气味

劣质的奶瓶，打开闻一闻会有一股异味，而合格的奶瓶是不会有的。另外，还要看看奶瓶的商标是否清晰，质检标示和出场合格证是否齐全，选择正规的厂家且口碑好的产品才能跟安全。

三、和宝宝有关的话题

🐝 宝宝成长指标

● 第一周

2个月宝宝体重、身高参考值：
- 男婴体重4.3—7.1kg，身长54.4—62.4cm；
- 女婴体重3.9—6.6kg，身长53.0—61.1cm。

生理发展：

- 后囟大约已经闭合。
- 夜里连续睡眠的时间会更长。

感官与反射：

- 自发性的动作增多，原始反射消失。
- 更喜欢颜色鲜艳、有细节的图案。

心智发展：

- 停下吸吮的动作去倾听。

社会发展：

- 容易笑而且是自发性的。
- 会咯咯笑。
- 喜欢看人脸胜过看东西。

第二周

生理发展：

- 趴卧时会短时间将头胸抬起。
- 会同时移动双臂或双腿。
- 被抱起时宝宝会将自己的身体紧缩起来

感官与反射：

- 抓取反射消失。
- 会将手握在一起。
- 会以眼睛和头跟随缓慢移动的物品。

心智发展：

- 用手探索自己的脸、眼睛和嘴巴。

社会发展：

- 以咯咯声和咕噜声来相应声音。
- 哭泣减少。

第三周

生理发展：

- 趴着时会用手肘撑着。

- 喜欢在大人的腿上跳跃。

感官与反射：

- 扭转头颈，寻找声音来源。
- 会握住并挥动玩具。

心智发展：

- 开始出现短暂记忆。
- 会注视手。

社会发展：

- 对父母亲的出现做出不同反应。

第四周

生理发展：

- 面部表情增加。
- 发声增加。

感官与反射：

- 双手通常是张开的。
- 喜欢舔东西。
- 连续注视手可能长达5—10秒钟。

心智发展：

- 会分辨自己和别人的镜中影像。

社会发展：

- 开始辨认并区分家庭中的成员。

宝宝常见的问题

如何清理宝宝鼻腔？

把消毒纱布一角，按顺时针方向捻成布，轻轻放入宝宝鼻腔内，再逆时针方向边捻动边向外拉，就可以把鼻内分泌物带出，这种方法简单并且不会损伤鼻黏膜。

牛奶越浓越好，孩子得到的营养就越多吗？

这是不科学的，所谓过浓牛奶，是指在牛奶中多加奶粉少加水，使牛奶的浓度超出正常的比例标准。其实，婴幼儿喝的牛奶浓淡应该与孩子的年龄成正比，其浓度要按月龄逐渐递增。如果婴幼儿常吃过浓的牛奶，就会很容易引起腹泻、便秘、食欲不振，甚至拒食，久而久之，体重非但不能增加，还会引起急性出血性小肠炎。这是因为婴幼儿脏器娇嫩，受不起过重的负担与压力。

牛奶里加糖越多越好吗？

加糖过多，对婴幼儿的生长发育有弊无利。过多的糖进入婴儿体内，会将水分潴留在身体中，使肌肉和皮下组织变得松软无力。婴儿看起来很胖，但身体的抵抗力很差。过多的糖贮存在体内，还会成为一些疾病的危险因素，如龋齿、近视、动脉硬化等。

乳饮料能代替配方奶吗？

乳饮料是以鲜乳或乳制品为原料，加入水、糖液、酸味剂等调制而成的，通常含有辅料(如色素、甜味剂、防腐剂等)，如果宝宝长期食用，可能对孩子的健康造成非常不良影响。家长最好不要长期把含乳饮料让孩子饮用。

乳饮料还是乳酸饮料，要想区分这些产品，首先从名称上来判断，然后看看蛋白质含量，蛋白质含量不低于2.9%的为纯牛奶，蛋白质含量不低于1.0%的称为乳饮料，蛋白质含量不低于0.7%为乳酸饮料。

用牛奶给宝宝服药可以吗？

牛奶能够明显地影响人体对药物的吸收速度，使血液中药物的浓度较相同的时间内非牛奶服药者明显偏低。用牛奶服药还容易使药物表明形成覆盖膜，使牛奶中的钙与镁等矿物质离子与药物发生化学反应，生成非水溶性物质，这不仅降低了药效，还可能对宝宝身体造成危害。所以，在服药前后各1—2小时内最好不要喝牛奶。

😊 亲子互动游戏

🔵 第一周

其实生活中有物品都可以利用为宝宝的玩具。将几个钥匙消毒后套在一个小环上，这就是一个很理想的发响玩具了，而且也是一种好的认知玩具。妈妈可以告诉宝宝这个是钥匙，钥匙是开门用的，然后在门上演示一下，宝宝一定会很好奇的哦。

另外，大龙球也就是妈妈们用的瑜伽球，也是个很好的玩具。妈妈可以把宝宝趴放在大龙球上，双手抓住宝宝的双手，轻轻的左右和前后的摇晃，同时播放着好听的音乐，或者是有节奏的儿歌。这个游戏帮助发展宝宝的身体协调性，还会提高宝宝的平衡能力，等宝宝会走路的时候会很少摔跤呢。

🔵 第二周

宝宝渐渐对人的脸部有了较高的识别能力，在喂奶的时候，宝宝会很喜欢看着妈妈的脸，对于人工喂养的宝宝，更应该注意这样的对视交流。

本周可以玩一个骑大马的游戏：妈妈将腿伸平，让宝宝与你面对面坐在大腿上。妈妈一定要注意别让宝宝坐不稳掉下去，然后可以一边前后摇晃身体，一边说着儿歌。这个游戏培养可以增进母子之间的感情，还会锻炼宝宝的胆量。

🔵 第三周

宝宝听到铃声会很开心，妈妈可以将两个铃铛系在宝宝两个小手腕上，当宝宝手动的时候，就会发出叮当的响声，宝宝听到声音非常的兴奋。妈妈可以拿起宝宝的小手轻轻摆动发出有节奏的声音，有些宝宝能够学会这个动作，他也会试图有节奏的摆动双手呢。

多跟宝宝说话，本周可以准备些婴儿的挂图，虽然宝宝还不理解，但家长可以自编故事，引导宝宝去看着挂图，丰富知识、培养宝宝的好奇心。

第四周

宝宝越来越活跃了，他喜欢蹬腿和踢玩具，妈妈可以准备一些触碰就会发响和发亮的玩具给宝宝，当宝宝踢到这个玩具的时候就会产生反应，宝宝会非常的兴奋。或者给宝宝的小袜子上缝上一个小铃铛，每次宝宝踢腿的时候就会发出响声。

宝宝小手更有力气了，开始喜欢抓东西。家长要准备悬挂在宝宝头上方的玩具，宝宝会自己伸手去抓玩，要注意悬挂玩具的距离让宝宝容易抓到。这个游戏有助于发展宝宝的手眼协调性和促进上肢的力量。

宝宝本月成长记录	
体重	
身高	
头围	
囟门	
牙齿	
饮食	
活动	
大便	
睡眠	
其他情况	

第五章 宝宝3个月

现在，宝宝满3个月了。宝宝在出生后的最初四个月中，脑袋成长是他一生最快速的时期。宝宝看起来比过去要硬朗很多，爱活动的宝宝开始学会踢被子，不费一点力气地就能把被子一脚踢开。他的小手现在大部分时间都是张开的，会握住并摇响玩具，并且出现了真正的抓握动作，宝宝大脑中控制手眼协调和识别物体的部分功能正在迅速发育。有的宝宝开始流口水，这是由于唾液分泌开始旺盛，也有的是因为宝宝要出牙了。

此时，宝宝更善于寻找声音的来源了，他可以非常灵活地将头转向任何一边。宝宝的视线可能会跟随移动的物体，也能够跟随垂直或绕圈移动的东西。他能够发出的声音也更多了，咕咕声、尖叫声、呜咽声，你跟他说话时，他会试图用不同的声音回应你。

一百天以后的宝宝到了非常招人喜爱的年龄，脖子挺得直直的，因为头比较大，宝宝的头会微微摇晃，看起来就像个会活动的大娃娃。竖立抱着宝宝时，宝宝的腰已经能够挺起来了。随着神经骨骼肌肉的发育，宝宝的运动能力发展迅速，有时你会感到宝宝像个小运动员，醒来以后他总是在不停地动。随着宝宝的髋关节和膝关节变得更灵活，他的蹬腿动作也更加有力了。托住宝宝，让他双脚着地，你能感觉到他在用力地向下蹬。

宝宝的视野范围由原来的45度扩大到180度，他的视力也有了很大的提高，能看见8毫米大小的物体。宝宝的抓取能力更好了，他可以4个手指合并起来与大拇指配合捡东西了。

现在宝宝越发逗人喜爱了。当你与宝宝聊天玩耍时，他常会发出快乐兴奋的声音，并试图模仿不同的音调，还能识别熟悉的音节，以微笑和特有发声来为大家表演。宝宝的哭闹明显减少，心情愉快的时候居多。你的宝宝随时在学习新的东西，当他对某样东西感到兴奋时，可能就会激烈地摆动四肢来表现他的快乐，因为还无法完全控制自己的身体，因此他的动作会显得像在抽筋似的。

宝宝很喜欢踢动他的脚和腿，也许你注意到了，宝宝会经常弯曲着双脚，在空中做踩脚踏车的动作。这时宝宝的眼睛更加协调，两只眼睛可以同时运动并聚焦。宝宝很喜欢和妈妈爸爸咿咿呀呀地"说话"。他对每天发生在自己周围的事情，已经有了记忆，并会根据这些事情做出反应。

满4个月的宝宝开始出现一系列情绪，包括喜悦与不高兴、满足与不满。宝宝表达情绪的方式更加清晰了，他会用打哈欠、揉眼睛或脸、拒绝和你玩或显得焦躁不安来让你知道他有些累了。宝宝比较喜欢看近的东西，他可将焦点定在不同距离上。

当宝宝趴着的时候，能够用小胳膊撑着，把头和肩膀高高地抬起来。宝宝甚至可以从仰面躺着翻到趴着，或者从趴着翻到躺着。如果宝宝翻身成功了，请给宝宝一些掌声，让他知道你是多么为他感到骄傲。宝宝的手眼协调也在进一步发展，他会把手伸向他想要够到的东西，他能用两只手抓住东西并操纵它。宝宝不再像过去一样"粘人"，如果宝宝有喜欢的玩具，他可以自己玩上一小会了。

一、本月特别关注

😊 婴儿的睡眠

婴儿的睡眠是很重要的问题，因为婴儿大部分生长发育都是在睡眠中完成的。睡眠时会大量分泌各种激素，来保持生长发育和正常的代谢。研究发现，70%的生长激素是在深睡中产生的。宝宝的睡眠如此重要，但同时很多妈妈也被宝宝的睡眠问题困扰着。

3个月大的婴儿每天要睡14—15个小时，大多数婴儿在5—6个月之前，还不能整夜安睡。妈妈要在婴儿2周大开始，教会宝宝区分白天和夜晚，夜晚宝宝醒来或喂奶时，不要跟他说话，室内光线要暗些，让宝宝意识到晚上是睡觉的时间。

宝宝有睡意时，尽量让他自己入睡，如果每次都抱着或者摇着他入睡，婴儿会渐渐养成这样的习惯。不要让婴儿含着奶嘴入睡，请在孩子入睡后将奶嘴抽出。

有的宝宝夜间常常醒来哭闹，父母此时不要及时反应，等待几分钟宝宝又会自然入睡。如果哭闹不停，再去安慰他或者检查是饿了还是尿了。如果每次醒来父母都立刻抱他或者喂奶，就会形成恶性循环。

😊 婴儿被动操

婴儿被动操，不仅是促进婴儿全身发育的好方法，还是一个很好的亲子游戏项目。每天坚持给孩子做被动操进行体能锻炼，不但可以促进他的体格发育，还能促进神经系统的发育。婴儿被动操适用于2—6个月的婴儿，根据月龄和体质，循序渐进，每天可做1—2次，在睡醒或洗完澡时，宝宝心情愉快的状态下进行。做时少穿些衣服，所着衣服要宽松、质地柔软，使宝宝在全身肌肉放松。操作时动作要轻柔而有节律，可配上音乐。

婴儿被动操——8节

上肢运动预备姿势：婴儿仰卧，妈妈双手握住婴儿手腕，把拇指放在婴儿手掌内，让婴儿握拳，两手放在婴儿两侧。

第一节：扩胸运动(1)两手左右分开，向外平展，与身体成90度角，掌心向上；(2)两手胸前交叉；(3)同(1)动作；(4)还原。重复二个八拍。

第二节：屈肘运动 (1)向上弯曲左臂肘关节；(2)还原；(3)向上弯曲右臂肘关节；(4)还原。重复二个八拍。

第三节：肩关节运动 (1)握住小儿左手由内向外作圆形的旋转肩关节动作，重复四拍；(2)握住小儿右手做同样的动作，重复四拍。

第四节：上肢运动 (1)两手左右分开，向外平展与身体成90度角；(2)两手向前平举，两掌心相对，距离与肩同宽；(3)两手胸前交叉；(4)两手向上举过头，掌心向上，动作轻柔；(5)还原。重复二个八拍。

第五节：踝关节运动 (1)预备姿势：婴儿仰卧，妈妈左手握住婴儿的左踝部，右手握住小儿左足前掌；(2)将婴儿足尖向上屈曲踝关节；(3)足尖向下，伸展踝关节；（4）换右足做相同动作。重复二个八拍。

第六节：下肢伸屈运动 （1）预备姿势：婴儿仰卧，两腿伸直，妈妈双手握住婴儿两小腿，交替伸展膝关节，做踏车的动作；（2）左腿弯曲到腹部；（3）伸直；（4）右腿弯曲到腹部、伸直。重复二个八拍。

第七节：举腿运动 （1）预备姿势：两下肢伸直放平，妈妈两手掌向下，握住婴儿两膝关节；（2）将两下肢伸直上举90度；（3）还原。重复二个八拍。

第八节：翻身运动 （1）预备姿势：婴儿仰卧，妈妈一只手扶婴儿胸腹部，另一只手垫于小儿背部；（2）帮助从仰卧转体为侧卧；（3）从侧卧转体到俯卧；（4）从俯卧再转体到仰卧。重复二个八拍。

☺ 纸尿布的使用

给宝宝选择纸尿裤，要根据体重购买合适的型号。过大的纸尿裤会很容易出现漏尿，过紧的纸尿裤会损伤宝宝娇嫩的肌肤，也不利于男宝宝睾丸的发育。合适的纸尿裤，在宝宝腰部以可竖着放进两个手指头为宜，在腹股沟处，以能平放入 一个手指为宜。

穿着纸尿裤的正确方法：先将纸尿裤摊开放在宝宝的小屁股下，背部比腹部略高，这样可防止尿液从背部漏出，再将纸尿裤从宝宝两腿中间拉到肚脐下，把两边的搭扣对准腰贴部位粘好，最后整理好纸尿裤的裤边。

纸尿裤会提高男宝宝阴囊内的温度，但目前为止还没有证据表明使用纸尿裤与男性不育有关。但一定要注意频繁更换纸尿裤，尤其是在天气炎热的夏季。

另外，丢弃纸尿裤时，要将纸尿裤卷起来，用搭扣和腰贴固定，扔进垃圾桶。

☺ 上班前的准备

很多妈妈经历了一段时间的产假，即将上班了，上班前要做诸多准备。新妈妈要做好心理上的调整，刚上班时，可能会由于和宝宝的分开，会有一些分离焦虑，过上几天就会慢慢适应。另外在家休闲多时，可能一时间难以适应上班的快节奏，也需要新妈妈及时调整。

很多妈妈希望在上班后依然坚持母乳喂养，如果上班地点离家比较近，可以在适宜的时间回家喂奶，很多公司都对新妈妈有体贴的哺乳假。

如果工作地点离家比较远，新妈妈也是仍然有方法继续坚持母乳喂养的。

首先，需要在上班前2周左右开始让保姆或其他会替妈妈带孩子的人给宝宝尝试使用奶瓶，宝宝习惯了吸吮妈妈的母乳，让别人用奶瓶喂奶需要一段时间的适应期。

上班坚持母乳喂养的必备工具是保温桶、冰袋和密封储物袋。新妈妈可以在公司把母乳挤出到密封储物袋中，放置在预先放好冰袋的保温桶中，下班带回家在冰箱放置即可。

母乳在冰箱中保存，冷藏可保存2—3天，冷冻可保存3个月，基本上不会损失母乳中的营养成分。因此妈妈可以在储物袋上贴上标签，标明开始放置母乳的时间和母乳量。

从冰箱中取出的母乳，不能用微波炉进行加热，因为会损失母乳中的营养成分。比较好的做法是使用50度左右的温水隔着奶瓶加热。

二、和妈妈有关的话题

如何喂养

● 第一周

现在新妈妈的体力已渐渐恢复，但仍要注意饮食，特别是母乳喂养及剖腹生产的妈妈。有一些食物最好不吃或少吃。比如有回奶作用的大麦芽、麦乳精、麦芽糖等；辛辣燥热类食品会使你上火，口舌生疮，大便秘结或痔疮发作，并且会通过乳汁使婴儿内热加重。此外，你还尽量不要吃韭菜、葱、大蒜、辣椒、胡椒、小茴香、酒刺激性食物等。还有油腻的食物如肥肉、花生米等，以免引起消化不良。同样，油炸食品你也不应多吃。

如果你现在还需要服用一些促子宫收缩的药物，那也一定要遵守医生的处方，切不可自行服用，因为麦角制剂会抑制乳汁的分泌。

● 第二周

也许你觉得自己的宝宝没有奶粉喂养的宝宝长得健壮，也许你正在因众多来自周围的奶粉喂养提议感到迷茫。但你要学会判断你的母乳是否满足了宝宝的生长需要。如果你的宝宝每月体重增加在0.7千克左右，每天小便6—8次或更多，并且是每次吃饱后表情陶醉并很快入睡，那么，给自己坚持母乳的勇气吧。除非宝贝1个月的体重增长未到0.5千克，又未生病，或者才吃了母乳不久，就开始无缘大哭，并有找奶头的动作，这时就应注意可能是你的母乳分泌不足需要用配方奶补充了。

● 第三周

对于小宝宝而言，养成喝水的习惯非常重要。聪明的妈妈是否有妙招让宝宝养成喝水的好习惯呢：

•给宝宝喝水时妈妈也拿个杯子夸张的喝一口，表现出美味陶醉的表情。

•可煮一点果汁或菜水。不必添加任何东西维持原味。

•买一个漂亮图案的奶瓶，增加宝宝对喝水的兴趣。

•户外活动、洗澡以游泳后的宝宝一般不会拒绝水。

如果宝宝拒绝喝水，一定不要过分强迫他。如果引起他对水的反感，以后就更难喂了。

● 第四周

这个时期也许你的宝宝突然开始罢吃，请不要惊慌，先观察一下宝宝是不是哪里不舒服，排除病理性厌奶的可能。很多宝宝在4—6个月期间会遇到一个所谓的"生理性厌奶期"，你可以看看是不是奶瓶嘴过小，可以试着用小勺子给宝宝喂奶。还可以慢慢增加宝宝每天的活动量。

也许你担心宝宝吃奶太少会长不大，于是采用强迫的方式。但是这样反而会让宝宝对吃奶恐惧，只要宝宝身高、体重增长都在正常范围内，不要强迫他吃奶。

母乳的妈妈，千万不要因此断奶，这只是暂时现象。

👶 为宝宝做些什么？

🔵 第一周

•这个时候训练孩子大小便还为时过早，可以适当把一把尿便，但是不要勉强。

•多准备几条柔软、干净的小手绢，随时为宝宝轻轻擦拭口水。

•不要将宝宝独自留在床上，以免宝宝翻身掉到床下。

•宝宝吃手时，可不要阻止他哦，这是他在用自己的方式探索世界呢！

🔵 第二周

•不要给宝宝戴手套或用过长的袖口禁锢宝宝的活动，也不要用被子把宝宝紧紧包裹起来。

•如果宝宝半夜醒了，不要陪宝宝玩，否则容易养成宝宝不良的睡眠习惯。

•这个月的宝宝吐奶会明显减轻，但还是要注意喂完奶后，及时给宝宝拍嗝。

🔵 第三周

•宝宝喜欢听到欢快、明朗的音乐。在宝宝情绪好的时候，让宝宝听一会音乐。

•跟宝宝面对面的交流，回应宝宝咿咿呀呀的"说话"。

•噪音会妨碍宝宝的发育和健康成长，因此应尽量让宝宝避免各种噪音。

🔵 第四周

•定期给宝宝称体重。体重不增，伴随宝宝精神不振等异常情况时，要检查是否宝宝营养不良。

•被褥要经常拿到户外进行日晒。太阳光是最好的消毒剂，不要只用消毒液给宝宝洗衣服被褥。

•宝宝开始认人了。若妈妈需要把宝宝交给保姆或其他看护人照顾，要给他一段时间来适应。

妈妈常见的问题

如何应对爱踢被子的宝宝？

如果怕孩子受凉，别把被子盖到孩子的脚上，让脚露在外面，当孩子把脚举起来时，被子在孩子的身上，就不能把被子踢下去，这样也不会影响孩子肢体运动。

可以用酸奶喂养宝宝吗？

酸奶是一种有助于消化的健康饮料，有的家长常用酸奶喂食婴儿。然而，酸奶中的乳酸菌生成的抗生素，虽然能抑制很多病原菌的生长，但同时也破坏了对人体有益的正常菌群的生长条件，还会影响正常的消化功能，尤其是患胃肠炎的婴幼儿及早产儿，如果喂食他们酸奶，可能会引起呕吐和坏疽性肠炎。

在牛奶中添加果汁可以吗？

为了让孩子爱喝牛奶，在牛奶中加点果汁，实际上果汁均属于高果酸果品，而果酸遇到牛奶中的蛋白质，就会使蛋白质变性，降低蛋白质的营养价值。

冲奶粉时，是先放奶粉还是先放水呢？

有的妈妈在冲调奶粉的时候先在奶瓶里放好一定量的奶粉，然后再加入定量水，其实这样的操作方法正好与正确的冲调方式相反。

正确的方法是，在给宝宝冲奶粉时一定要先配好水，在水温水量合适的时候加入奶粉，这样配方奶粉可以充分的溶解在水里。

在牛奶中添加米汤、稀饭

有些家长认为，这样做可以使营养互补。其实这种做法很不科学。牛奶中含有维生素A，而米汤和稀饭主要以淀粉为主，它们中含有脂肪氧化酶，会破坏维生素A。孩子特别是婴幼儿，如果摄取维生素A不足，会使婴幼儿发育迟缓，体弱多病。所以，即便是为了补充营养，也要将两者分开食用。

三、和宝宝有关的话题

宝宝成长指标

第一周

3个月宝宝体重、身高参考值：
- 男婴体重5.0—8.0kg，身长57.3—65.5cm；
- 女婴体重4.5—7.5kg，身长55.6—64.0cm。

生理发展：
- 颈部张力反射消失。
- 常把手指放在嘴里吸吮。

感官与反射：
- 会握紧拳头或拍打物品。
- 小手大部分时间都是张开的。

心智发展：
- 情绪愉快时，手脚做较大幅度的舞动。

社会发展：
- 当熟悉的人靠近时会引起宝宝的注意。

第二周

生理发展：
- 会将目光集中在不同距离的物品。
- 头可以保持稳定，且能短暂竖直。
- 腿部更加有力量了。

感官与反射：
- 双手可以握在一起。

心智发展：

•情绪愉快时，手脚做较大幅度的舞动。

社会发展：

•可能会比较喜欢某个玩具。

•听到音乐可能会安静下来。

● 第三周

生理发展：

•会朝各个方向转头。

感官与反射：

•双腿可以在空中做脚踏车的动作。

心智发展：

•记忆长度可达7秒钟。

•开始发出数种不同音调的声音。

● 第四周

生理发展：

•宝宝趴着的时候，能够用小胳膊撑着，把头和肩膀高高地抬起来。

•大人扶住宝宝腋下，松开手后，宝宝能站立片刻。

感官与反射：

•会把玩具从一只手换到另一只手上。

心智发展：

•开始对大人们吃的食物表现出兴趣。

社会发展：

•表达情绪的方式更加复杂。

•被瘙痒时会发笑。

😊 营养食谱

● 第一周

青菜水

原料：青菜（油菜或白菜均可）50g，清水50g。

做法：将菜洗净，切碎，将不锈钢锅放在火上，将水煮沸，放入碎菜，盖锅盖烧开煮2至3分钟，关火再焖10分钟，滤去菜渣留汤即可。

● 第二周

山楂水

原料：山楂果切片50g，开水150m。

做法：将山楂片用凉水洗净，放入盆内，将开水倒入盆内，盖上焖上10分钟，至水温下降到微温时，把山楂水盛入杯中，加入适量温开水，搅匀即可。

● 第三周

苹果泥

原料：苹果。

做法：将苹果洗净去皮，然后用研磨器磨成泥状，或用勺子刮成泥。

● 第四周

菠菜水

原料：鲜菠菜叶100克，水100克。

做法：1、将菠菜洗净，切成丝。

2、把水烧沸，放入菠菜，煮5—6分后离火，再闷10分钟，倒出汤汁，即可喂食。

小儿腹痛怎么办?

腹痛在小儿时期较常见。腹痛不仅是腹腔内的脏器疾病或功能紊乱的主要症状,也是腹腔外或全身性疾病的常见表现,有一些属于急腹症范围。急腹症是一类以急性腹痛为主要表现、必须早期诊断和紧急处理的腹部疾病,特点为发病急、病情重、进展快、变化多,如果延误诊治可造成严重危害,有一定的死亡率。所以,对小儿腹痛应予以足够的重视。

孩子是不是腹痛? 该不该上医院? 父母亲有时难以判定。家长首先要判断孩子是否真有腹痛。婴幼儿常不能自诉腹痛,代之以哭闹发出信号。如果抱起后哭叫停止,一般可排除腹痛;若继续哭闹,又排除饥饿、便污等不适,同时伴有烦躁不安、痛苦面容或面色苍白,可能有腹痛。年长儿会自诉腹痛。若腹痛不影响食欲、睡眠,不伴面色改变,说明腹痛不严重;若两手捧腹或双腿蜷曲,辗转反侧,则说明腹痛严重。

腹外疾病引起的腹痛特点:疼痛范围弥散,腹式呼吸不受限,伴有腹膜刺激征如腹压痛、腹肌发紧,同时有原发病的表现。如肺炎引起腹痛,同时多有呼吸道的症状。精神心理因素也可引起腹痛。腹内疾病引起的腹痛,包括由内脏急慢性炎症或肿胀、内脏急性穿孔或破裂、肠管急性梗阻或扭转等引起,腹痛的同时多伴有消化道症状,如厌食、恶心、呕吐、腹胀、排便排气改变、腹压痛、腹肌发紧等,并可有发热。

家长若确定小儿有腹痛,无论何种原因引起,均应及时送医院,以明确诊断,对因治疗。在未到达医院、诊断未明确前,家长不可随意给孩子服止痛剂,以免掩盖病情,延误治疗。如果腹痛严重,疑为急腹症,如急性消化道穿孔、急性肠梗阻等,应暂停进食,以减少食物、消化液自穿孔部位漏入腹腔,减轻腹胀,也有利于急症麻醉、手术的安全。如果小儿呕吐,应将其头转向一侧,以防止小儿哭闹时不慎将呕吐物吸入气管内。如果小儿伴有高热,可用冷敷或冰敷前额、枕部等方法降温,以减轻小儿的不舒适。同时要留意并记录腹痛(或哭闹)开始的时间、腹痛的部位及其转移、腹痛时的表现及排便情况等,为医生诊断提供线索。

小儿脱肛怎么办？

小儿排便后有肿物从肛门内脱出，便后自动缩回，反复发作后，每次便后都需用手托回，常有少量黏液从肛门流出，以后，每当腹压增加时，如哭闹、咳嗽、用力时就会发生。如果脱肛后久不复位，被嵌顿的直肠会充血、肿胀、出血，以致复位更困难。这种病儿的肛门括约肌松弛，只要让病儿蹲下用力，就会看到脱肛。

小儿呕吐怎么办？

呕吐是小儿常见症状，有时为主要症状，急性呕吐可使体内水和电解质丢失，超过一定数量会导致脱水及酸中毒。长期呕吐影响营养吸收，可引起营养不良及各种维生素缺乏。呕吐时如护理不当，还能由于呕吐物被吸入呼吸道而发生窒息。小儿呕吐原因较多，以下为常见原因。

新生儿和婴儿因喂养不当引起呕吐很常见，量多时可呈喷射状，如吐奶太多，可使体重增加减慢，主要发生原因是喂奶喂水或辅食吃得太多，或者吞入空气太多，可引起呕吐，还有母亲乳头内缩或用牛奶喂养时奶头穿孔太少而下咽太多空气等原因。

小儿便秘怎么办？

小儿便秘是指肠子运动缓慢，水分吸收过多，导致大便干燥坚硬，次数减少，排出困难。由于婴儿膳食种类较局限，常吃的食物中纤维素少而蛋白质成分较高，因此很容易发生便秘，婴儿便秘时，主要表现为每次排便时啼哭不休，甚至发生肛裂。肛裂的发生使婴儿对大便产生恐惧心理，造成恶性循环，时间久了，可引起腹胀、食欲减退和睡眠不宁等症状。因此，婴儿便秘应及时解除。由于婴儿的胃肠道神经调节不健全，胃肠功能发育不完善，若用药物通便，容易导致胃肠功能紊乱，发生腹泻等。所以，对婴儿便秘，食物疗法是最理想的。

● 婴幼儿便秘疗法

训练排便习惯：婴儿从3—4个月起就可以训练定时排便。因进食后肠蠕动加快，常会出现便意，故一般宜选择在进食后让孩子排便，建立起大便的条件反射，就能起到事半功倍的效果。

药物处理：婴儿便秘经以上方法处理仍不见效的，可以采用开塞露通便。开塞露主要含有甘油和山梨醇，能刺激肠子起到通便作用。使用时要注意，开塞露注入肛门内以后，家长应用手将两侧臀部夹紧，让开塞露液体在肠子里保留一会儿，再让孩子排便，效果就好，在家庭中也可用肥皂头塞入小儿肛门内，同样具有通便作用。

● 便秘治疗法

1、饮食矫正法，根据小儿年龄和哺喂方式不同而采取不同的方法。人乳哺喂的婴儿应鼓励继续哺乳，为了增加肠内发酵过程使大便变软，可给小儿吃加糖的西红柿汁、橘子汁、菜汁等；也可把蜂蜜加在温水中，每天喝60—90毫升。人工喂养的婴儿，由于牛乳中酪蛋白和钙都比母乳多，所以容易引起便秘，因此用增加碳水化合物如糖米粉等增加小儿肠内发酵过程。例如牛乳中糖的浓度可增加至8％，即100毫升奶中加糖8克；也可喂蜂蜜和加糖的橘子汁、西红柿汁等以刺激肠的蠕动。如果上述方法仍然无效，则可将牛乳量酌情减少，增加辅助食品如米粉、麦粉等。对已经吃辅助食品的婴幼儿，出现便秘时可加用含纤维素较多的食物，如菜泥、水果及粥类食品，较大的幼儿则可以食用粗粮食品或红薯。

2、训练孩子排便的条件反射，对于便秘的婴幼儿应当重新训练肠道在正常习惯下的反应能力。具体的方法是：于早饭后给小儿灌肠，然后让小儿立即坐在便盆上，如果小儿没有马上排出大便，也应当坐10分钟，连续7天后，隔天灌肠一次，再过7天后停止灌肠。也可用一些轻泻剂（在医生的指导下），直至便秘缓解后停止使用。这样均能建立排便的条件反射从而便秘的问题也就解决了。

此外，最好让那些较大的幼儿多参加些体育活动，特别是可以增加腹肌的锻炼，以增强肌力，这样也有助于排便。

👾 亲子互动游戏

🔵 第一周

宝宝会喜欢探索不同材质的物品，触摸能帮助宝宝探索和认识这个世界。妈妈应该准备多一些不同材质的安全物品供宝宝触摸和感觉，丰富宝宝的知识，提高认知量。可以准备的物品如软布、羊毛皮、毛线、羽毛、纸张、树叶等。另外需要注意的是，宝宝可能会把东西塞到嘴巴里面探索，所以，准备的物品一定要卫生喔。

🔵 第二周

宝宝开始渐渐认识家里面的人了，可以准备爸爸妈妈的照片给宝宝看，这个游戏能够提高宝宝的辨认能力，增强宝宝的注意力和记忆力。

妈妈拿着照片在宝宝面前，一边指着照片上的人一边说出照片上人的名字。如果宝宝伸手去摸，可以让宝宝摸摸照片。同时，妈妈可以当宝宝的代言人，如果宝宝摸到了照片上人的鼻子，妈妈可以说："这是爸爸，爸爸的鼻子。"这样不但宝宝认识了照片上的人，还对五官产生了概念。

🔵 第三周

给宝宝购买的玩具一定要注意安全，同时选购玩具的时候要看包装上面的建议适合年龄段，现阶段最好买适合6个月以下宝宝的玩具。另外宝宝喜欢啃咬玩具，家长要定期的检查，磨损严重的玩具千万不能给宝宝玩哦。

瘙痒游戏是宝宝们都喜欢的游戏之一了。当宝宝平躺的时候，家长拉起宝宝的一只手臂伴着有节奏的小儿歌轻轻摆动，说到最后一个字的时候，家长的另一只手可以抓痒宝宝的腋窝或者小肚皮，这时宝宝会很兴奋地笑。这个游戏不单单让宝宝情绪很好，更可以提高宝宝的触觉敏感和对节奏的感觉。

🔵 第四周

随着宝宝清醒时间的加长，和宝宝玩游戏时，他也会有更多的反应了。家长应该留意，当宝宝目光转开，变得急躁，踢腿或者打哈欠的时候就说明宝宝已经玩够了。

　　妈妈和宝宝可以玩一个"脚踏车"的游戏。当宝宝平躺在床上时，妈妈双手握住宝宝的双脚，然后循环交替轻轻移动宝宝的双腿，就好像蹬脚踏车一样。这个游戏能够增进宝宝的肌肉发展，同时宝宝也会感受到活动的韵律。

宝宝本月成长记录	
体重	
身高	
头围	
囟门	
牙齿	
饮食	
活动	
大便	
睡眠	
其他情况	

第六章 宝宝4个月

你会发现，宝宝体重增长速度开始下降了，这是规律性的过程。4个月以前，婴儿每月平均体重增加900—1250克，从第四个月开始，体重平均每月增加450—750克。此外，宝宝头围的增长速度也开始放缓，平均每个月可增加1.0厘米。

眼睛是心灵的窗户，满4个月的宝宝，可以用眼睛来传递感情了。在你和宝宝对视的时候，宝宝的眼神能流露出感情交流的喜悦。宝宝能够发出"a、yi、ba—ba、da—da、mou—mou"等声音，但还没有具体的指向，属于自言自语、咿呀不停。当你面对宝宝说话时，宝宝会仔细地注视你的嘴，并试图去模仿。宝宝拿东西时，拇指也灵活多了，不再像是戴了手套一样。宝宝视觉和触觉越来越协调，看到什么东西，都有去摸一摸的愿望，如果是安全的，妈妈一定要满足宝宝的要求哦。

现在的宝宝越来越好动，妈妈要操心的事也越来越多。过去，宝宝在白天会睡很长时间，现在可不同了，宝宝像是一匹小马驹，每次活动的时间可以长达一个半小时甚至两个小时。他不愿再安安分分地躺着了，他可能会很熟练地从仰卧翻到俯卧位，能主动用前臂支撑起上身并抬起头。如果支撑累了，宝宝自己会把头偏过去休息。

宝宝可以够到玩具，并会把小摇铃摇响，他可以很安静地独自玩上15分钟左右了。他会一边听周围所有的声音，一边继续练习说话。当你和别人谈话而忽略了宝宝时，他可能会发出声音来吸引你的注意。宝宝现在的视力已经很敏锐了，可以看到不同距离的东西，也能轻易地追踪移动物品。

宝宝现在仍会将抓到的每样东西塞到嘴里，进一步用他的小嘴来认识这个世界。有时，也许你会突然发现房间里很安静，宝宝在做什么呢？噢，原来宝宝正在小床上和自己玩呢！可不要打扰他哦，这可是宝宝不小的进步，在此之前，只要宝宝醒着时，几乎每时每刻都离不开你的关照，宝宝正在慢慢地长大！

现在宝宝腿部的力量更加强壮了，如果妈妈双手扶着宝宝的腋下，宝宝就可以站立一段时间。宝宝更会撒娇了，总爱抬起胳膊，要大人抱，但对于陌生人，宝宝会感到焦虑和害怕。宝宝也越来越有自己的主意了，当他被冷落时或愿望没有被满足，他会对你大声地叫呢！宝宝抓东西的欲望越来越强烈，妈妈脖子上的项链、围巾，爸爸的领带、眼镜，他都要用小手去抓一抓。

现在，宝宝会积极地倾听音乐，并会随着音乐的旋律摇晃身体，虽然还不能与旋律完全吻合，但已经有节奏感了。宝宝躺在小床上，能够用小手抓到自己的脚趾。当你喂给他的食物，而他不喜欢时，会将大人的手臂推开。

马上就满5个月的宝宝，个性会越来越明显。也许你的宝宝是安静型的、也许是活动型的，任何一种都是宝宝独有的个性。你也许发现，随着成长，宝宝现在的情绪已比较复杂，高兴时眉开眼笑手舞足蹈，不高兴时会发脾气叫喊哭闹，也能听懂你严厉或亲切的声音，会惧怕和悲伤。你的宝宝正在学习发出新的音节，丰富他的"语言库"。你说话的时候，他可能会很专注地观察你的嘴，并且试着模仿声调的变化，他可能还会努力地发出像"m"和"b"这样的辅音。

一、本月特别关注

😊 和宝宝的语言交流

这个阶段的小宝宝，仍然不会说话，但是已经进入了牙牙学语的阶段了。他对语音的感觉更加清晰，发音也变得主动，经常会发出一些很不清晰的语音。有些宝宝会发出"mama、baba、dada"的语音，但这些语音都是无意识的，并不是会叫妈妈爸爸了。

当宝宝发出语音时，爸爸妈妈要积极地做出反应。例如宝宝发出"mama"的语音，妈妈就应该说"我就是妈妈"，还可以同时用手指指着自己，这样宝宝就会慢慢把"mama"的发音和妈妈联系在一起了。

同时，在和宝宝在一起的时候，爸爸妈妈也要多用语言跟宝宝交流。这个阶段是婴儿学习语言的很好的时期，爸爸妈妈多说，宝宝多听。看到什么就说什么，不断反复地说，并且能让宝宝看到、摸到，让宝宝不断地感受语言、认识事物。

如何正确引导宝宝说话

引导婴儿说话要从早抓起。对出生两个月以后的新生儿，父母就得注意和他们讲话。比如换尿布时，先让婴儿光着屁股玩一会儿，产生一种轻松感，婴儿会欢快地把腿抬上放下。这时父母就可说"噢！跳跳、蹦蹦！"反复这样做几次之后，每当婴儿露出屁股，只要说跳跳、蹦蹦，婴儿就会伸腿。

三四个月的婴儿已经会用眼睛朝着你看，会笑，有时小嘴还会动，发出"呀……呀"的声音，表情愉快，像跟大人交谈似的。这时父母就可不失时机地逗引婴儿，比如微笑地对婴儿说："囡囡乖，囡囡好，妈妈喜欢囡囡。"5、6个月的婴儿已经能够认识父母，这时父母可以躲在婴儿的背后叫他的名字，或用手绢蒙住自己的脸，嘴里一边说，一边露出脸。数次之后，婴儿会报以笑脸，有时还会发出莫名其妙的声音，当婴儿喃喃自语的时候，父母要尽量搭话，教他将自己发出的声音同耳朵听到的声音联系起来，父母要不厌其烦地以儿童语言回答，比如汽车叫"嘟嘟"，公鸡叫"喔喔"等。说话时要面向婴儿，那么婴儿会盯着你的口形，也想说出同样的话。当突然发现自己发出了和你同样的声音时，婴儿就会异常快乐。婴儿开始说话，仅是无意识的，而且较容易忘记，作为父母切不可操之过急，要有耐心地去巩固婴儿无意识说出的话，一天甚至几天能让婴儿记住一两句话，已经不错了。

对于婴儿说的话，不论正常与否，不要忙于去纠正，有时婴儿自己会"发明"一种新的语言，比如把猫叫做"咪咪"，把钟叫做"铛铛"，父母要鼓励他，让他高兴一番。11个月以后的婴儿已经开始注意观察父母的言行和行动，所以父母应尽可能在婴儿面前说些容易让婴儿学的儿语。一旦懂得把自己的声音和听的话联系起来，婴儿就真正开始学习说话了。

😊 夜啼

很多月龄的宝宝在夜间都会出现习惯性啼哭，这称为夜啼。父母刚想睡觉，婴儿就开始哭，抱起来摇一会儿或者喂点奶，这样容易把宝宝哄睡，过2个小时醒了又哭，这样一夜之间哭好几次的婴儿是很多的。

其实，因为肚子饿而夜啼的婴儿比较少，对于食量大的宝宝，在临睡前喂饱奶，就可以有效避免夜啼。有的婴儿是由于白天运动量不足而夜里睡不好觉，因此白天婴儿户外活动的时间一定不能少于3个小时。另外白天兴奋过度或者受到惊吓，宝宝夜里也可能因为做梦而大哭。

此外，室内温度过高、宝宝被子太厚、蚊虫叮咬等都会引起婴儿夜啼。爸爸妈妈要针对情况，及时解决。排除了以上情况，如果宝宝还在夜啼，就有可能是疾病的原因，比如佝偻病，应找医生及时治疗。一般情况下，只要环境舒适、饮食适当、活动适度、身体健康，宝宝就很少发生夜啼现象。那么，让我们来详细地了解夜啼的各种原因吧。

缺钙

缺钙的孩子夜间往往哭闹。过去，人们由于缺乏医学知识，认为孩子夜啼，在外面贴上一张"天皇皇，地皇皇，我家有个夜哭郎……"的字条，孩子就会好转，这种方法显然是不会有效的。

缺钙的孩子除有夜啼外，还会有相应的表现，比如孩子会有多汗、枕秃、方颅、囟门闭合晚、肋骨串珠等等。为孩子补充维生素D和钙剂，并让孩子多晒太阳，孩子会好的。

惊吓

孩子受到惊吓后，晚上常会从睡梦中惊醒并啼哭，孩子哭的时候常常伴有恐惧表现，在生活中，不难找到是什么原因让孩子受了惊吓。解决的方法是安慰孩子，告诉孩子没什么可害怕的，并暂时不要让孩子直接接触使他害怕的物体或人，慢慢孩子会安稳入睡的。

患病

许多疾病，譬如感冒及各种急性传染性疾病的患病期间，孩子都会在睡后哭闹。一些慢性疾病，如贫血、结核等，也会使孩子因为难受而在睡中哭闹。此外，孩子鼻子不通气、患了蛲虫病等，也常常使孩子夜间啼哭。由于疾病引起的，只要治好了原发病，孩子就会安然入睡。

衣被因素

孩子盖得太厚，会使孩子因热而烦躁，出现啼哭；被子盖得太少，冷的刺激也会使孩子啼哭。褥子铺得不平，小衣服过紧或衣服的系带硌了孩子，会使孩子哭闹。此外，还应该查查床上是否有什么东西扎着孩子了，只要找到原因，孩子感到舒服了，啼哭就会停止。

饥饿

比较定时的哭闹同孩子饥饿有关。母乳喂养者，母亲不必拘泥喂奶的间隔时间，当孩子饿时就让孩子吃，孩子吃奶中睡着了，可以弹弹孩子的小脚心让孩子吃饱再睡。人工喂养的孩子，应考虑适当增加喂奶量，并检查奶水的质量，是否加水过多等。

尿憋

大一些的孩子经训练，已知控制小便，但在夜里他还不会自己起来尿尿，有时孩子会说尿尿，但很多时间，孩子是用哭来表示自己要尿尿的。父母只要摸到这个规律，为孩子把过尿后，孩子便会继续入睡。如果父母不明白孩子哭的含意，孩子就可能尿床。

昼夜颠倒

有些孩子白天睡得多，晚上就会精神十足，当父母因疲倦不理他时，孩子就会用哭抗议。纠正的方法是白天减少孩子的睡眠时间，多逗孩子，晚上孩子睡眠会有所改善。经过一段时间后，孩子的生活有了规律，就会白天兴奋晚上安眠的。

非病理性的夜惊最好顺其自然

排除了以上原因之后，宝宝仍然时有夜晚突然惊醒哭闹的情况发生。其实，即使睡眠状况最好的成年人也常常会突然之间出现睡眠问题，不管是到了睡觉时间却睡不着，还是半夜突然醒来。神经系统还没发育完全的婴幼儿，更可能出现夜惊（也叫梦惊）的现象，跟梦游很相似，但表现会更强烈。

当你的宝宝夜里"惊醒"时，要过去看看他，但别跟他说话或试着安慰他。你的宝宝会拒绝被安慰，照旧哭闹。试着进行安慰只会延长和强化宝宝的夜惊状况——即使只是叫他的名字，也可能会让他更不安。当然，家长更不要试着强行把他弄醒，他可能会以为你要伤害他。相反的，处理夜惊要顺其自然，你只需要站在旁边，确保宝宝不会伤到他自己就行了。

按摩帮助睡眠

对于总是夜啼的孩子，父母为其按摩，可收到一定的效果。

方法为：家长用大拇指从孩子的拇指指尖处沿拇指外侧推向孩子的掌根

处，做50—100次；由无名指指尖沿掌面推向掌根处，做50—100次；沿前臂掌面正中，从腕关节推向肘关节，20—30次；从腕关节沿前臂大拇指掌侧面向肘关节推30次，掐手掌面与腕的横纹中点；掐手指尖的十宣穴；揉头顶百会穴20—50次；自下而上捏脊3遍。

😊 宝宝吃手

小婴儿从2个月开始，就会出现津津有味地吃自己的小手小脚的行为。到了三四个月时，宝宝会将能抓到手中的任何东西都放在嘴里。很多家长对孩子的这种行为都非常担心，怕这样有可能会吃进脏东西，引起拉肚子、铅中毒，养成吃手的坏习惯等。

其实，婴儿吃手，是小宝宝身心发育的必经阶段。两三个月的婴儿开始会把自己的小手小脚放在嘴里啃，表示他的肢体神经支配已经日渐成熟。到了四五个月宝宝已经可以伸手拿东西时，他会把各种物品放到嘴里品尝。其实这种品尝行为是一种学习，宝宝可以通过嘴的感觉，分辨出各种物品的区别，进而产生了对物品的认识。这是宝宝认识世界的一个良好的开端，同时也促进了婴儿手眼的协调能力。

因此，婴儿吃手时，家长无需太多担心，只需注意以下几点：

及时清洁婴儿的小手和他能接触到的玩具物品，为孩子提供安全卫生的物品和玩具，如不易掉色、不要有尖角等，防止引起婴儿铅中毒或者其他伤害。尤其不要让孩子接触到纽扣、豆子等小物品，以防孩子误将其吸入气管引起事故。

为防止孩子在长大后依然留有吃手的习惯，请不要让孩子在睡觉的时候吃手，并要注意多与宝宝交流，防止孩子由于缺少爱抚而以吃手的方式自我慰藉。

😊 认生

这个时期的宝宝，会开始出现"认生"的表现了。宝宝看到爸爸妈妈，会高兴地手舞足蹈；但见到陌生人，尤其是陌生的男性，会表现为焦虑不安甚至哭闹。宝宝认生的程度将在8—12个月达到高峰，以后逐渐减弱。

认生是宝宝情感发展的第一个重要的里程碑，也是婴儿发育过程中的一种社会化表现。认生的程度与婴儿的先天素质有关。性格内向、胆子小的婴儿，认生比较严重；而性格外向、乐于交往的婴儿，认生较轻。随着年龄增长，小儿独立能力得到发展，社会适应能力增强，认生的现象自然会逐渐好转。

认生（怯生）是指儿童对不熟悉的人表现出一种害怕的反应。例如有的婴儿见到陌生人会表现出严肃，紧张的神态，或试图回避、躲藏；有的婴儿甚至表现出严重的恐惧，尖声哭叫，挣扎着要离开现场等，这些都是婴儿认生的表现。

许多母亲和传统的观念认为，婴儿认生是天生的，自然的，不可避免的现象，因而听之任之，或故意让孩子避开陌生人；有的父母则为此着急，认为"一回生，两回熟"，强制婴儿接触陌生人。

婴儿认生果真是不可避免的普通现象吗？

小于4个月：这么大的婴儿不会认生。他们对一切新奇的事物，包括对陌生人，都会表现出极大的兴趣，对任何人的引逗，都会报以喜悦与微笑。

4—5个月：他们对陌生人会出现"警惕地注意"现象。他们会来回地注视、比较陌生人与熟人（主要是母亲）的面孔，对陌生人的脸注视的时间会更长些。

5—7个月：在陌生人面前婴儿会出现较明显的严肃、紧张的神态。

7—9个月：有些婴儿面对陌生人会有苦恼、哭叫、回避等较强烈的情绪反应。

心理学的研究表明，并不是所有的婴儿都有认生表现，而且婴儿的认生有一个逐渐显现的过程。上述情况说明，婴儿起初并不认生，婴儿的认生更多的是在后天环境的影响下逐渐发展起来的。那么，什么样的孩子更容易认生呢？

相对而言，性格内向的孩子，比外向的孩子更容易认生：体弱多病，接触人少的孩子，比体格健壮，家中人口多的孩子容易认生；环境刺激贫乏较之环境刺激丰富的孩子容易认生；过分依恋母亲较之母子依恋正常及依恋程度较低的孩子更容易认生。此外，有的婴儿则只对具有某种特征的人，如戴眼镜或戴帽子的人，表现出害怕的反应，这可能是因为孩子受过具有这种特征的人的强制或恐吓的缘故。

认生对孩子的成长是不利的。其不利影响主要表现在儿童的智力发展及交往能力的发展方面，因为人们为了避免孩子对陌生人的恐惧，往往只是远远地与孩子打个招呼，即匆匆离去，而不会坚持引逗孩子。孩子的哭叫，也会降低人们与孩子交往的兴致。这对孩子来说，自然就失去了一些与人打交道的机会，减少了一些有意刺激，孩子的生活圈子也就狭小起来。研究和事实都证明，在先天条件相同的情况下，生活在丰富多彩环境中的孩子会比生活在单调乏味的环境中的孩子聪明些。俗话说"见识广"讲的也是这个道理，认生会使婴儿失去一些锻炼人际交往能力的机会。如果在以后成长的过程中这种交往能力得不到补偿，长大后就会变得较弱，胆怯，不善于与人主动交往或难于与人相处。结果会经常体验到孤独、无能、缺少自主和自信，从而会影响到儿童个性的健康发展。怎样做，才能使孩子做到不认生或减少认生呢？

根据以上所谈的情况，出生后3—4个月以前的婴儿不会认生父母要抓住这一时间段，多带婴儿到更广阔的生活天地活动，接受丰富多彩的刺激，特别要让孩子接触各式各样的人群，熟悉男女老少，成人，儿童的各种面孔，尽量多地接受他们的引逗与交往，包括各种不同的假面玩具等。对安静内向的婴儿更要有意创造与人接触的各种条件与环境，这一段时间的训练，也是以后是否会认生的关键。

对3—4个月已经有了认生反应的婴儿，既不要避免让他们与陌生人接触，也不要强制或逼迫他们与陌生人交往，这都会适得其反。而是要使他们有一个慢慢适应陌生环境及陌生人的过程。

例如，经常带孩子到亲朋好友家串门，或邀请他们来自己家做客。此时，父母可设计这样的场景：孩子喜爱的玩具，糖果之类物品与陌生人同时出现，这样孩子多次体验到良好的刺激，总是伴随着陌生人，慢慢地对陌生人的恐惧感就会逐渐消失了。

再如，父母带孩子到集体活动的场合前，要针对可能出现的局面，提前采取应对措施。比如事先带他到熟悉环境。集体活动中要避免众多陌生的面孔同时出现，或众多的陌生人七嘴八舌地一起与他打招呼或去抱他、逗他。这些会使他缺少安全感，增加害怕或认生的程度。

到了2—3岁仍然认生和孤独的孩子，父母不要当着孩子的面经常明确地提出他认生的缺点，以避免强化他的这一缺点而增加孩子的心理压力。可以先让他们与陌生的孩子交往，例如，常带孩子到儿童游乐场与众多陌生的孩子一起排队滑滑梯、荡秋千、攀登障碍物、做游戏等。

还可以主动为孩子寻找不认生的孩子做伙伴，伙伴的榜样作用往往超过成人的指导，当孩子能够自然地回答陌生人问话或有礼貌地呼叫陌生人时，千万别忘记及时给予奖励或称赞。

二、和妈妈有关的话题

👩 如何喂养

🔵 第一周

一般来讲，小宝宝出生4个多月后，由于身体发育的需求不断增大，体内储存的钙、铁等营养元素已接近耗尽，这时仅喂母乳或奶粉已经不能完全满足婴儿生长发育的营养需要了。因此，绝大多数的小宝宝在4至6个月时要开始添加辅食。宝宝如果是完全配方奶喂养，应该在满4月龄后就开始加辅食了。

具体辅食的添加时间，还依宝宝的具体情况而定。如宝宝比较胖、早产或生病期间就要晚些时间添加，并请保健医生给出具体建议。

妈妈可以开始购置一些实用的辅食制作用具，如多功能榨汁机、研磨餐具组合等，便于你给宝宝加工美味。

🔵 第二周

当你的宝宝出现了流口水、咬奶头、玩具或当大人吃饭时在一旁眼馋咂嘴，这些可爱的行为都是暗示你要给宝宝加辅食了。

辅食，"辅"字说明一切，母乳或配方奶是宝宝的主要食粮。

辅食添加的具体时间还要根据宝宝的具体情况，如每月体重增长小于500克或喂奶的时间比过去延长；或喂奶后宝宝哭闹、烦躁不安等，就说明母乳量已不足，是添加辅食的时候了。世界卫生组织建议小儿辅食添加开始应先以谷类食物（如米糊）为主，因为谷类食物是最易被小宝宝接受，是不易过敏、最易消化的。

🔵 第三周

有些宝宝会经历"生理性厌奶期"，吃奶时喝喝停停，发出各种声音"抗议"，甚至吃得少或不吃奶。但是宝宝的发育与活力却都很好，这样的话妈妈大可不必担心，一般情况下一个月左右就能自然恢复。

如果此时你的宝宝还处在"厌奶期"，请不要因为宝宝的生长发育受影响而对宝宝进行强制性进食，或频繁地更换配方奶的品牌。这可能会使宝宝对吃产生压力恐惧而抗拒，那问题可就不只是厌奶了。

第四周

如果你现在已给宝贝尝试添加辅食，也并不需要减少奶量。辅食添加目的以品尝为主，原汁原味，丰富宝宝的味觉，种类多但量少。这样做可以防止宝宝今后挑食。宝宝的味觉刺激越早、越丰富越好，但是要保持清淡口味，一定不要放鸡精、料酒及各式调味料。

辅食添加的原则：每次只加一种，吃3—5天，观察宝宝食欲和大便，如果适应再加另一种；6—9个月再增加量。辅食增加的顺序是：蛋黄、米粉、菜泥、果汁、果泥、由少到多，辅食添加初期不要给宝宝混合食物吃。

为宝宝做些什么？

第一周

•即使在大人的帮助下，宝宝现在也还不能坐很久。父母一定不要拔苗助长，过早地训练宝宝坐、站等。

•宝宝开始注意镜子中的自己，妈妈可以把宝宝抱在镜子前，告诉他这就是宝宝，哪个是妈妈，哪个是爸爸。

•有关什么时候开始添加辅食的争论还在继续进行。一般来说，这个月开始可以尝试一些基础的辅食，比如半个蛋黄，果汁。

第二周

•可以锻炼着让宝宝自己拿奶瓶喝水或吃奶，拿不住没有关系，慢慢练习，宝宝就会逐渐掌握。

•父母可以抓住宝宝的手腕部，轻轻向上拉起，这样可以锻炼宝宝头向前伸的能力。

•现在的宝宝喜欢把手里的玩具放进嘴里，父母一定要买质量好的玩具。

第三周

•在宝宝情绪好的时候，鼓励宝宝去体验和摆弄各种物品，如纱巾、手绢。

•宝宝开始能够辨别相近的颜色了。为宝宝准备一些各种颜色的图书、玩具和衣服，帮助他提高色彩辨别能力。

•宝宝进入了出牙期，可以给宝宝准备一个牙胶，让他咬一咬。

● 第四周

•多给宝宝讲故事，这是让宝宝感受到声音和语调的最好方法。

•宝宝非常喜欢听妈妈的声音，给宝宝唱歌、与他说话，宝宝会非常高兴。

•这个阶段，是宝宝锻炼翻身的好时候，但如果给宝宝穿的过多，会妨碍宝宝翻身能力的锻炼。

•即使宝宝在出生时已测试过听力，如果你还是有些担心的话，这时可再测试一次。

妈妈常见的问题

如何更好进行母乳喂养？

母亲应注意营养，睡眠充足，心情愉快，生活有规律，不随便服药，每日应较平时增加能量3—4MJ（700—1000kcal）和水1—1.5L。

母乳量不足时，常有哺乳前乳房不胀，哺乳时小儿吞咽声少，哺乳后小儿睡眠短而不安，常哭闹，体重不增或增加缓慢。需找出原因加以纠正，或在医生的指导下服用催乳药。经各种措施乳汁仍不足时，才可考虑混合或人工喂养。

母亲患急、慢性传染病、活动性肺结核等消耗性疾病，或重症心、肾疾病等须暂停直接哺乳时，可定时将乳汁挤出，以免乳量减少。

注意防止母亲乳头、乳房疾病，母亲乳头应经常保持清洁，如发生乳头裂伤，应暂停直接喂乳，可用手或吸乳器将乳汁吸出消毒后哺喂，并以鱼肝油软膏擦涂乳头，防止感染，促进愈合。

哪些情况需要停止母乳喂养

母乳是婴儿最佳的食品和饮料，营养丰富，而且适合婴儿的消化吸收，有利于其的生长发育。母乳中含有多种免疫物质，能增强婴儿的抗病能力。小儿初乳含免疫球蛋白成分最高，所以新生儿娩出后应尽早开始哺乳。通过婴儿吸吮母乳，还可促进母亲乳汁的分泌。现在一般主张按需哺乳，小儿想吃就吃，不要硬性规定时间间隔。

但如果母亲出现下列情况则应停止母乳喂养：

1、患活动性结核病、重症心脏病、肾脏病或糖尿病，身体过于虚弱，或患慢性疾病需长期服用药物治疗者。

2、患急性传染病或败血症者。

3、乳头皲裂或发生脓肿时可以暂停哺乳。

但需指出的是：小儿患病期间母亲仍需按时挤出乳液，以免病后无乳。如母乳不足，则应先供给母乳，然后再给牛乳为原料制成的各种配方乳。

新生儿从出生第3周起，就可添加菜汤、西红柿汁或山楂水、鲜结子汁等富含维生素C的食品，每日2次，每次1－2汤匙，并可逐渐增加。

111

需要给宝宝掏耳朵吗？

新生儿的外耳道一般是干燥，无分泌物的，不需要特殊护理，更不能用棉棒、挖耳勺擦或挖宝宝的外耳道。

新生儿外耳道的皮肤非常娇嫩，皮下组织稀少，给宝宝掏耳朵时如果用力不当容易引起外耳道损伤而继发感染，导致外耳发炎、溃烂，甚至形成外耳道疖肿。而且，骨膜是一层非常薄的膜，掏耳朵时稍不注意就会伤害到骨膜，而损伤宝宝的听力。

在给宝宝洗澡、喂奶时，一定要预防水和奶汁进入宝宝的外耳道，以免引起耳炎。

因此，一般情况下，不要为新生儿掏耳朵。如果宝宝外耳道积垢过多时，可以到医院由专业医生对其进行处理。

宝宝换奶粉为何拉肚子?

转换奶粉造成宝宝不适的症状通常以腹泻最多,这大多是因为转换太快等喂养不当原因造成的,所以为宝宝转换奶粉时应循序渐进,不可操之过急。

转换奶粉应选择在宝宝身体健康的时候进行,宝宝生病时应延迟转换,转换过程中不建议添加不易消化的、新的辅食,宝宝打预防针的前后一星期内也不建议转换奶粉,另外也要避免在早上空腹的第一餐或晚上临睡觉前最后一餐喂奶。转换奶粉的方法是先减少一勺原配方奶粉、增加一勺新配方奶粉,观察一、二天若宝宝没有不良反应即可按此方法逐渐过渡。整个转换时间一般持续7天左右即可。

宝宝太胖怎么办?

宝宝如果发生肥胖,要寻找原因。除单纯性肥胖外,还有由于内分泌疾病引起的肥胖症。

单纯性肥胖,治疗的基本措施是:控制饮食,增加运动量。简单地说,就是少吃多动。在限制热量的同时,应注意给予高蛋白质、低脂肪的饮食,可以增加蔬菜等富含纤维素的食品以增强饱足感。锻炼要循序渐进,选择适当的运动项目和运动时间,并要坚持天天做。

如果由于疾病引起的肥胖,就要在医生的指导下进行治疗。

三、和宝宝有关的话题

宝宝成长指标

第一周

4个月宝宝体重、身高参考值:
- 男婴体重5.6—8.7kg,身长59.7—68.0cm;
- 女婴体重5.0—8.2kg,身长57.8—66.4cm。

生理发展：

• 趴着时，头抬得很高，能和肩胛成90度角。

心智发展：

• 喜欢发出新的声音。

感官与反射：

• 会分辨气味。

• 会用食指和中指握住东西。

社会发展：

• 玩游戏时会笑。

• 游戏被打断时可能会哭。

● 第二周

生理发展：

• 能朝不同方向稳定地平衡头。

感官与反射：

• 抓握更稳。

• 将响声玩具置于宝宝手中时会玩。

心智发展：

• 会尖叫、做呼噜声以及发出咋舌声。

社会发展：

• 会微笑及发出声来招人注意。

● 第三周

生理发展：

• 趴卧时会抬起双臂及双脚。

感官与反射：

• 会紧抓东西。

• 将东西塞入嘴巴。

心智发展：

• 会发出元音及一些字音。

社会发展：

• 喜欢边吃边玩。

• 伸出双臂要人抱。

第四周

生理发展：

• 会摇摆、扭动身体。

感官与反射：

• 伸手拿东西时能对准目标。

心智发展：

• 会想要碰、握、翻、摇以及用嘴含东西。

• 有意地模仿声音和动作。

☺ 营养食谱

第一周

苹果汁

原料：苹果1个

做法：1、选用熟透的苹果洗净之后切成两半。

2、将苹果去皮去核。

3、切片或切块。

4、将切好的苹果裹在干净纱布里将汁液挤出。

第二周

香蕉泥

原料：香蕉1/5根。

做法：香蕉切碎放入小碗，用勺碾成泥。

提示：香蕉一定要选熟透的，也要现吃现做。

● 第三周

蛋黄泥

做法：1、将鸡蛋洗净，放入锅中，加水没过鸡蛋。

2、水开后，转小火煮10分钟，熄火，焖5分钟。

3、取出蛋黄，放入小碗中，用小勺压碎，成泥状，加少许水或米汤调稀。

提示：刚开始时加1/4个蛋黄，而且要调稀一些。

● 第四周

胡萝卜泥

原料：胡萝卜1根、牛奶2大匙。

做法：1、胡萝卜洗净，蒸熟，或者包保鲜膜放入微波炉里5分钟煮熟。

2、去皮，切碎，捣成泥。

3、取1大匙胡萝卜泥，加入牛奶，搅拌均匀。

😊 宝宝常见的问题

如何治疗宝宝盗汗？

盗汗是指睡熟后出汗，醒来汗止。盗汗分为两种，一种是属生理性的，另一种是属病理性的。在治疗时，首先应明确诊断，才能针对性的用药。

生理性盗汗是由于小儿新陈代谢旺盛，神经系统发育还不健全，调节功能也欠完整，所以当孩子睡熟后有时出汗现象，但不会伴有其他症状；孩子的精神、饮食、面色、大小便都正常，对此尚无需治疗，过段时间就会自愈。

病理性盗汗，多见于结核病和佝偻病。如果病儿在出盗汗的同时还会伴有其他症状，如伴有低热、咳嗽时，可能是患了肺结核；伴有睡觉不踏实、烦躁易怒、腹胀、出汗有酸味、尿味刺鼻等，很有可能是佝偻病的早期。对此，应及时找医生诊治。

🐸 亲子互动游戏

🔵 第一周

宝宝在视野范围内能够看清颜色了，他越来越喜欢看鲜艳的颜色和彩色的图片书籍。而且细心的家长可以发现，本周有些宝宝可以轻易地看见较小的物品了，所以，妈妈可以为宝宝买些彩色图画的多图书籍。在宝宝翻阅的时候，看到那里，家长就可以用简单的语言解释到哪里，这样有助于宝宝的认知发展，还可帮助发展宝宝的语言。

🔵 第二周

如果要增强宝宝的上肢力量，练习平衡能力的话，"拉起"这个游戏是再好不过的了。在宝宝心情愉快的时候，家长让宝宝平躺在床上，双手轻轻握住宝宝双手的手腕处，慢慢将宝宝拉起，尽量拉起为坐姿。此时，家长就会发现，宝宝会配合你完成动作，他会用自己的肌肉来帮助你拉他起来。然后可以继续慢慢地拉起，使宝宝拉起为站姿。这样在你的帮助下，宝宝进行了身体以及双脚的平衡练习。放宝宝躺下的时候，也要慢慢进行。玩游戏的同时，你还可以和宝宝互动的说："宝宝坐起来了——站起来了——坐下来了——躺好了"。这样不但宝宝做了动作，还会知道自己做了什么动作。

🔵 第三周

宝宝越来越喜欢咿咿呀呀的与人聊天了。当宝宝咿咿呀呀的时候，家长应该模仿宝宝咿咿呀呀的声音，你会发现，当你模仿的时候，宝宝就会停下来，仔细聆听你发出的声音，等你停止发音，宝宝还会模仿你刚发的声音。这说明宝宝向往并懂得与人沟通了。家长可以从简单的咿咿呀呀开始，渐渐的增加比较复杂的字与宝宝沟通。多与宝宝说话，多与宝宝沟通，那么你的宝宝将来一定是一个语言发展很棒而且很喜欢与人交往的宝宝。

🔵 第四周

爬行和模仿是本周宝宝的训练重点。当宝宝趴在地板上的时候，准备一个颜色鲜艳的玩具放在宝宝的前面逗引宝宝，然后家长用一只手掌轻轻的推动宝宝的双脚底，这样宝宝就会向前移动一些，慢慢地宝宝就会爬行了。

宝宝很小的时候就喜欢看人的脸，现在你会发现宝宝表情更多了，因为宝宝喜欢模仿大人的表情了。当你瞪大眼睛、伸舌头的时候，宝宝会模仿你的动作，而且表现出十分开心的样子。这可以宝宝的视觉发展，提高模仿能力，增强学习能力。

宝宝本月成长记录	
体重	
身高	
头围	
囟门	
牙齿	
饮食	
活动	
大便	
睡眠	
其他情况	

第七章 宝宝5个月

现在，宝宝对妈妈的依恋会空前强烈，当他意识到妈妈要离开的时候，会抱住妈妈哭闹。而当宝宝见到陌生人，会感到害怕，甚至哭泣，这个时候也是宝宝怕生期的开端。现在，他想品尝食物但也想玩，如压挤、闻、弄碎、捣烂和涂抹食物，他还会吃得乱七八糟，因为他在试验食物。趴着时，他能抬高手臂和双腿。他的手眼协调也逐渐再进步，他现在可以轻易地伸出手抓东西了。

5个月的宝宝，已经开始出牙或准备出牙了。宝宝可能会不安、烦躁还可能口水过多，妈妈要对出牙期的宝宝有足够的耐心，妈妈的抚慰可以减少宝宝出牙的不适哦！

一、本月特别关注

😊 婴儿贫血

宝宝在出生后4—6个月时，由于生长发育速度快，饮食结构相对单一，在孕期从母体获得的储备铁已经基本耗尽，宝宝很容易发生贫血。

贫血是血液中的红血球数目减少的状况，有时它被认为是缺铁所致。根据世界卫生组织的标准，6个月至6岁小儿血液中血红蛋白低于120克/升，即为贫血。

婴儿贫血的表现多为面色苍白或萎黄，容易疲劳、抵抗力低等。

小儿长期贫血可影响心脏功能及智力发育，一定要及时采取措施。在婴儿4—6个月以后，如果妈妈的母乳不足，应当及时添加富含蛋白质的辅食，如蛋黄、配方奶、肉类等，预防贫血的发生。那么，什么是婴儿贫血呢？

婴儿贫血是小儿时期常见的一种症状或综合征，一般不会患病就会被大人知晓。贫血（anemia）是指红细胞减少或血红蛋白减低，婴儿贫血包括缺铁性贫血和营养性贫血。

缺铁性贫血是指制造血红蛋白所需要的铁缺乏，缺铁性贫血是婴幼儿最常见的疾病之一，特别是两岁以下的小儿更为多见，尤其是早产儿、双胎儿，而儿缺铁性贫血的发病原因主要有以下四个方面：

● 初生时体内铁储备不足

新生儿期体内总铁量的75%以上在血红蛋白中，因此新生儿体内铁的含量主要取决于血容量和血红蛋白的浓度，而血容量与体重成正比。例如一个3.3公斤的新生儿与一个1.5公斤的早产儿比较，其体内总铁量相差120毫克，其储存铁足月儿是早产儿的2倍多。因此出生体重越低，体内铁的总量越少，发生贫血的可能性越大。此外，胎儿经胎盘输血给母体，或双胞胎中的一个胎儿输血给另一胎儿，以及分娩中胎盘血管破裂等情况，都可能影响新生儿体内铁的含量，引起缺铁性贫血。

● 生长速度过快

小儿生长迅速，血容量增加很快，正常婴儿长到5个月时体重增加1倍，1岁时增加2倍，早产儿增加更快，1岁时可增加6倍，因此早产儿对铁的需要量远超过正常婴儿，早产儿生后1年内铁的需要量比足月儿多177%，如不及时供应足量的铁，势必发生贫血。

● 饮食缺铁

婴儿以乳类食品为主，此类食品中铁的含量极低。母乳铁的含量与母亲饮食有关，一般含铁为1.5mg/L。牛乳铁含量比人乳低，羊乳更少。人乳铁的吸收率比牛乳高，生后6个月的婴儿若有足量的母乳喂养，可以维持血红蛋白和储存铁在正常范围内。不能用母乳喂养时，应喂强化铁的配方奶，并及时添加辅食，否则易发生贫血。

● 长期少量失血

常见的慢性失血有胃肠道畸形、膈疝、息肉、钩虫病、鼻衄、少女月经过多等，长期少量失血也是造成缺铁性贫血的常见原因。

牛奶贫血症是指婴幼儿因过量饮用牛奶，忽视添加辅食，而引起的小儿缺铁性贫血。患贫血的孩子常伴有食欲减退、消化不良、体重下降、生长发育迟缓、注意力不集中、情绪烦躁，甚至影响智力。其主要原因有：

摄入不足

维生素B12主要存在于动物食品中，肝、肾、肉类较多，奶类含量甚少。叶酸以新鲜绿叶蔬菜、肝、肾含量较多。维生素B12主要需要量成人为每日2—3g、婴儿为每日0.5—1g。叶酸的生理需要量成人为每日50—75g。婴儿为每日6—20g。如不及时添加辅食、或年长儿长期偏食，易发生维生素B12或叶酸的缺乏。

吸收和利用障碍

在慢性腹泻小肠切除，局限性回肠炎、肠结核等皆可影响维生素B12与叶酸的吸收，肝脏病、急性感染，胃酸减少或维生素C缺乏，皆可影响维生素B12与叶酸的代谢或利用。

需要量增加

未成熟儿，新生儿及婴儿期生长发育迅速。造血物质需要量相对增加，如摄入不足，则易缺乏。反复感染时，维生素B12吸叶酸消耗增加，从而需要量增多而易导致缺乏。

先天贮存不足

胎儿可通过胎盘，获得维生素B12叶酸贮存在肝脏中，如孕妇患维生素B12或叶酸缺乏时则新生儿贮存少，易发生缺乏。

😊 宝宝长牙

宝宝的乳牙一般在出生后4—7个月开始萌出，2岁至2岁半出齐，共20颗。

最先萌出的乳牙是下面中间的一对门齿，然后是上面中间的一对门齿，随后再按照从中间到两边的顺序萌出。有些宝宝的出牙顺序略有不同，但都属于正常现象。

早在牙齿萌出前，小宝宝已能感觉到牙龈胀痛，并因此情绪烦躁或者睡眠不好，出牙时也可能会出现低热、流口水等症状。这些都是出牙时的正常反应，家长无需过多担心。

这时可以使用由硅胶制成的牙齿训练器，让宝宝放在口中咀嚼，一方面可以锻炼宝宝的颌骨和牙床，使牙齿萌出后排列整齐，一方面也可以为宝宝缓解牙龈的不适。婴儿磨牙饼干也可以起到以上的效果。

营养不足有可能会导致宝宝出牙推迟或者牙质差。因此，在宝宝出牙期，应该注意全面加强营养，尤其是适量添加维生素D以及钙、磷等微量元素，并多抱宝宝去户外晒太阳。

婴儿感冒

这个阶段的婴儿最容易患的疾病是感冒，一般是因为看护婴儿的人患上感冒，过一两天后婴儿也出现了感冒的症状。

这个月的婴儿由于体内还有些从母体中获得的免疫力，即使感冒也不易出现高热，一般只有37度多。症状多为鼻塞流涕、打喷嚏、咳嗽、厌乳和食欲减弱等。但一般婴儿并不痛苦，而且三四天后症状就会逐渐减轻。宝宝也有可能会在感冒的同时出现腹泻症状，大便次数增加，但一般不会出现肺炎。

在婴儿感冒期间，爸爸妈妈不要给宝宝洗澡，避免再次受凉。同时，要注意随时给宝宝喂水，以补充体内水分的流失。

婴儿腹泻

腹泻是婴幼儿最常见的消化道病症，这个阶段的宝宝，正处于饮食过渡期，更容易出现腹泻。有的宝宝由纯母乳喂养改为混合喂养，有的宝宝开始添加辅食，有的宝宝因为妈妈们重返职场而进行断奶。这些变化，都会导致宝宝胃肠道的不适应和调整，有可能出现生理性腹泻。

生理性腹泻不是病，它的症状包括：每日大便次数不超过8次，每次量不多；虽然不成形但含水分并不多；大便没有特殊臭味，可能有绿便和奶瓣；宝宝精神好，吃奶正常，不发热，无腹胀腹痛。

如果是生理性腹泻，千万不要给宝宝乱吃药，尤其是抗生素类药物，反而会导致宝宝胃肠道菌群失调，产生疾病。

治疗生理性腹泻的对策是：如果是母乳更换为配方奶而造成的，可以减少配方奶量，适当添加米粉，或者更换配方奶；如果是添加辅食导致的，可减少辅食量或者暂停添加辅食；有的宝宝服用鱼肝油后会出现生理性腹泻，这时候也需要暂停服用。

二、和妈妈有关的话题

如何喂养

第一周

4—6月是宝宝味觉的敏感期，适时添加各种不同味道食物可培养孩子长大后不挑食偏食的好习惯，均衡饮食非常重要。但妈妈不要强迫宝宝进食，宝宝有饥饿感时再给他吃。也并不是吃得多就好，要不将来宝宝长成小胖墩可就麻烦了哟。

有些妈妈将辅食与婴儿配方奶混合后放在奶瓶里，并使用十字大孔的奶嘴来喂，这也是错误的。宝宝需要学习食物的味道和食物放在他们嘴里的感觉，并练习咀嚼，这对出牙也有好处。现在还有一种像安抚奶嘴一样的咬咬袋，把水果切块放在小袋子里。宝宝可以用牙床"榨汁"并且可有效防止宝宝吞咽下大块食物造成危险。

第二周

给孩子添加从未吃过的新的食物时，必须先从一种开始尝试，等习惯后再试另一种。每增加一种新的食物时最好有3—5天让宝宝适应。宝宝接受新的食物的时间有差异，短的只要一两天，长的需要五六天，因此，妈妈要有耐心，让宝宝对新的食物有多次的接触，以适应新的口味。

有时宝宝会吃吃吐吐，不要误以为这是宝宝不接受此种美味，其实只要坚持下去，这种情况可能就会消失。在试喂时要了解宝宝是否对新的食物过敏，过敏时要停止喂食。

● 第三周

有些宝宝会在辅食尝试中有过敏的现象。如果宝宝在吃过辅食后两分钟至两小时内身体出现过敏反应，就要停止添加这种食物。如果出现更加严重的呕吐、面部肿胀、呼吸困难等问题，就要及时就医。但宝宝对食物的过敏反应可能并非永久性，有的宝宝长大后，这些过敏就会消失。为避免过敏反应，特别是如果家长有过敏史，添加辅食从单一食物开始就非常重要，这样你可以知道是哪种食物引起孩子过敏。

在宝宝已经习惯了不同的食物后，可以从宝宝已吃过的食物中挑选几种食物进行组合，完成由添加单一食品到混合食品的过渡。

● 第四周

此时你的宝宝已能用牙龈磨碎细而软的食物了，你的辅食种类也可以慢慢增加新的品种。这里还要提醒妈妈们辅食与奶最好分开吃，应该在两餐奶中间加辅食，这样可以有利于宝宝肠胃的消化。一岁以前的宝宝每天的奶量建议保证在600—700ml左右，以满足生长需要，家长不要觉得宝宝可以吃饭了就不用吃奶了。

母乳充足的妈妈仍可以幸福地继续你的奶牛生活。你不必因为辅食的增加或对母乳营养的质疑而动摇信心，国际母乳会鼓励有条件的妈妈喂养到两岁呢。

为宝宝做些什么?

● 第一周

•现在,宝宝已经脱离母体5个月了,体内抗感染物质逐渐消失,而宝宝自身免疫系统尚未发育成熟,免疫力较低,要特别注意预防传染病。

•宝宝可以自己扶着奶瓶吃奶了,但要留意不要呛到宝宝。

•可以在宝宝身边放置枕头,让宝宝尝试坐在那里,但一定需要你陪在他身旁。

● 第二周

•多带宝宝去不同的地方,见识不同的人。见多识广的宝宝,通常更加聪明。

•宝宝喜欢不停地把某种物品扔到地上。不要阻止他,这也是他在认识世界。

•训练大小便依然不是这个阶段的主要任务,因此不要投入过多的精力。

● 第三周

•如果你还在夜里给宝宝喂奶,应该开始减少夜间喂奶的次数。很多宝宝在6个月后,可以整夜不吃奶了。

•如果宝宝稍微有些不舒服,父母就带宝宝到医院,可能会传染上一些疾病。所以,不要动不动就去医院。

•可以多抱宝宝到镜子前,宝宝看到镜子里面的人不会再不知所措了,会高兴地拍镜子。

● 第四周

•有条件的话,可以继续坚持母乳喂养。

•如果宝宝流口水过多,可以在宝宝胸前带个小围嘴,同时多备几个,只要湿了就换新的。口水会把宝宝的下巴淹红,应该时常用柔软的干布轻轻把口水擦干。

•不要让宝宝练习坐的时间太长,防止对宝宝脊柱造成伤害。

🙂 妈妈常见的问题

如何锻炼宝宝的腿力？

把宝宝的前胸放在叠起的被子上，让宝宝趴着。宝宝会伸开下肢，向前一挺一挺的。这样锻炼宝宝的腿力，对以后锻炼爬行有帮助。

牙齿生长的晚就是佝偻病吗？

宝宝出牙晚家长一定很着急，怀疑宝宝是否为佝偻病。其实很多原因可以造成宝宝出牙晚。

如果是佝偻病引起的出牙晚，多伴有其他症状，如夜惊、多汗、肋缘外翻、鸡胸、"0"型腿或"X"型腿、方颅、囟门增大或晚闭等等，仅仅出牙晚并不能就认为是佝偻病，需要综合分析。

宝宝出牙的早晚还与很多因素有关，如果妈妈孕期、哺乳期营养不良就会影响宝宝的钙、磷吸收，影响乳牙的生长发育。遗传因素、个体差异等，均可引起宝宝出牙晚。

如果宝宝到了1岁还未出牙，或者有其他异常症状，就要及时带宝宝去医院就诊。

宝宝总流口水，正常吗？

3个月以内的宝宝唾液分泌量少，一般不会流口水，随着唾液量逐渐增加，4个月后宝宝往往会出现流口水现象，一般是生理原因引起的，2岁以后的宝宝，能逐渐有效地控制吞咽动作，流口水的现象就会自然消失。

婴幼儿时期生理原因引起的宝宝口水增多情况，不是疾病也没必要治疗。随着牙齿的出齐，口腔深度的增加，以及吞咽功能的完善，流口水的现象会逐渐消失。如果宝宝到了2—3岁牙齿长齐后，仍然口水流个不停，就要小心宝宝有患其他疾病的可能，需要去医院检查了。

宝宝流口水时若伴有口腔内异常病症、吞咽功能不正常、本来不再流口水，而之后又短期内口水突然增多等情况，可能是生病的表现，也要及时去医院就诊。

怎样科学给宝宝测体温？

给宝宝测体温可用腋表、颈表、肛表。测温时先将体温表的水银柱甩到35℃以下，将表有水银的一端夹入宝宝腋窝内，妈妈用手扶在宝宝胳膊上，以免体温表脱落。5分钟后将表取出，把表平行转动，水银柱所指的刻度就是宝宝的体温。一般腋下、颈下正常体温在36—37℃。

怎样帮助宝宝养成良好的进食习惯？

平时要注意在固定的时间、固定的地方让宝宝吃饭，这样有助于良好进食习惯的养成，另外，9个月的宝宝总想自己动手，大人可以手把手的训练宝宝自己吃饭。家长要与宝宝一起拿着勺，帮助宝宝把饭放在勺子上，然后试着让宝宝自己把饭送入口中，但更多的是由父母帮助把饭喂入口中，记住每顿饭不应花太多的时间，因为宝宝在饿的时候胃口特别好，刚开始吃饭时容易专心致志，是养成良好喂饭习惯的最佳时间。

三、和宝宝有关的话题

宝宝成长指标

第一周

5个月宝宝体重、身高参考值：
- 男婴体重6.0—9.3kg，身长61.7—70.1cm；
- 女婴体重5.4—8.8kg，身长59.6—68.5cm。

生理发展：
- 醒着时至少有一半时间可保持灵敏状态。

感官与反射：
- 会抓住大的圈环。
- 会双手握住奶瓶。

心智发展：

•在新环境中会四处张望。

•会手拿一块积木，眼望第二块，放掉第一块，再拿起第二块。

社会发展：

•会抗议和排斥试图将玩具拿走的人。

● 第二周

生理发展：

•仰卧时，可借踢顶某个平坦的表面来移动。

•向各个方向转动和扭动。

感官与反射：

•可靠物体坐一小会了。

心智发展：

•会分辨自己和别人的镜中影像。

社会发展：

•对母乳的兴趣减弱。

•会发声表达愉快或不愉快。

•会对镜中的自己微笑。

● 第三周

生理发展：

•坐时已不太需要支撑，可能会突然往前倒并用双手支撑来取得平衡。

•可用一只手去拿东西。

感官与反射：

•从平躺翻为侧身时，几乎可将自己弯成坐姿。

•可随意转头。

心智发展：

•会长时间凝视物品。

•会多发出几个单音。

•喜欢看镜子中的自己。

社会发展：

•会咯咯笑与大笑。

•听到音乐会发出咕噜声，低哼并停止哭泣。

第四周

生理发展：

•仰卧时，会抓着脚玩。

心智发展：

•表现出不同的情绪，例如高兴、不悦甚至发脾气。

•可能出现突然的情绪变化。

社会发展：

•会操纵物品。

感官与反射：

•会高兴地发出咕噜声和咯咯笑。

•听到自己的名字时会转过去。

营养食谱

第一周

西红柿糊

原料：西红柿150克。

做法：将西红柿放入开水，随即取出。 将西红柿去皮，去籽，其余部分捣碎成糊状即可。

第二周

龙须面

原料：龙须面10根。

做法：1、龙须面掰断，约一厘米长。

2、锅内放高汤煮开下入面条。

3、中火将面条煮烂。

4、再次沸腾即可关火，盖锅盖焖5分钟。

● 第三周

红薯粥

原料：米1大匙，洗净浸水一小时、红薯1/2大匙，去皮切丁、水5大匙

做法：1、米和红薯放入锅内加水煮。

2、煮沸，转小火，再煮25－30分钟，粥烂即可。

● 第四周

豆腐羹

做法：取嫩豆腐少许，加入一个鸡蛋，调匀，再放入青菜末或胡萝卜末，
加少许盐上锅蒸10分钟左右即可。

宝宝常见的问题

孩子常口腔溃疡要补锌

小儿有喜食泥土、墙皮、纸张、煤渣或其他异物等现象，这是缺锌，要补锌。缺锌严重时可有各种皮疹、复发性口腔溃疡、下肢溃疡长期不愈及程度不等的秃发等。严重缺锌孕妇及怀孕动物可致胎儿生长发育落后及各种畸形，包括神经管畸形等。

给孩子补锌应避免单一补锌，因为维生素和矿物质之间关系密切，单纯的补锌效果不理想，达不到吸收和生物利用的效果。食物中的半胱氨酸、组氨酸等有机酸有利于锌的吸收，植酸、鞣酸、纤维素等对吸收不利，动物性食物中的锌则可以很好的吸收利用，植物中的锌不易被人体吸收。

锌的食物来源很广泛，如牡蛎、鲱鱼等海产品中含锌丰富，100克牡蛎中含

锌75毫克，其次为肉、肝、蛋类食物。

宝宝手上的倒刺如何除？

宝宝原本白白嫩嫩的手指上，最近多了一个"不速之客"——从指甲边上翘起一根长长细细的"线"，这可让宝宝很不舒服，咬、抓，可是这个"客人"就是赶不走，怎么办呢？

倒刺是什么？倒刺在医学上称为逆剥。在正常情况下，指甲周围与皮肤是紧密相连的，没有一丝空隙，形成一道"天然屏障"，但有时我们会看到指端表面近指甲根部的皮肤会裂开，形成翘起的三角形肉刺，这就是"倒刺"。

倒刺实际上是一种浅表的皮肤损伤，并不是大问题。但宝宝会出于好奇或觉得难受碍事，用手去撕，这样反而会造成倒刺根部的皮肤真表层暴露，引起继发细菌感染，不仅会疼痛出血，严重时还可能导致甲沟炎。

倒刺从哪来？宝宝的小手总是嫩嫩的，怎么会突然长出倒刺呢？可能有以下三个原因：

1、贪玩好动。小家伙越来越活泼好动，经常用手抓玩具、啃咬指甲，或者小手与其他物体过多摩擦，使得他们娇嫩的皮肤长出倒刺。

2、皮肤干燥。呵护不得当，导致宝宝手部皮肤干燥，指甲下面的皮肤得不到油脂的滋润，很容易长出倒刺。

3、营养缺乏。如果宝宝日常饮食中缺少维生素C或其他微量元素，也可能会通过皮肤表现出来。

倒刺如何除？找到了发生倒刺的原因，家长可以在日常生活有针对性地进行皮肤呵护，赶走讨厌的倒刺！

1、指甲护理。经常给宝宝剪指甲，保持指甲卫生，并且要教育宝宝，让他知道啃咬指甲是不对的。

2、营养补充。让宝宝多喝水、多吃水果，每天都要给小手涂上无刺激，含油脂的护肤霜，像羊毛脂、维生素E霜等；如果缺少维生素或微量元素，建议家长带宝宝去医院皮肤科检查一下，以便正确治疗。

TIP：橄榄油有防止倒刺生成的功效，把宝宝的小手洗干净，将橄榄油涂在小手上，并进行按摩，既营养皮肤，又可以防止倒刺的生成。

3、小心修剪。一旦宝宝长出了倒刺，千万不要硬拔，先用温水浸泡有倒刺的手，等指甲及周围的皮肤变得柔软后，再用小剪刀将其剪掉，然后用含维生素E的营养油按摩指甲四周及指关节。也可以在去除倒刺之后，把宝宝的手浸泡在加了果汁(如柠檬、苹果、西柚)的温水中浸泡10—15分钟，让宝宝的皮肤更加水嫩！

冬季小儿镇咳食疗良方

气温骤降，寒冬渐行渐近，正是宝宝咳嗽多发时期。咳嗽往往预示着呼吸道感染步步进逼，父母为此忧心忡忡。不过，咳嗽并非完全由疾病引起，有的宝宝早起轻轻咳几声，只是清理夜间在呼吸道中积留的黏液，所以家长要学会辨别咳嗽的原因。

中医认为，小儿肺脾易虚，肺脏娇嫩，外邪侵入口鼻首先伤害肺腑，所以常易咳嗽。病因不同，咳嗽的表现各异。如感冒咳嗽常有流涕、鼻塞，不伴有气促，白天咳嗽多于夜间；哮喘咳嗽常伴有气喘，夜间咳嗽重，常伴有打喷嚏、鼻痒、眼痒；肺炎咳嗽伴有痰多，呼吸短促或呼吸困难，重的有鼻翼扇动，唇周发紫；喉炎咳嗽呈吼声，常发生在午夜，声音嘶哑；慢性咽炎咳嗽呈干咳，伴有咽部异物感，以日间咳嗽为主。

防治咳嗽关键在于护理得当。首先，宝宝的饮食要多样化，不能偏食，也就是要营养平衡。注意多喝水，如果体内缺水，气管内的痰液就会变稠不易咳出。中医认为，甜能生痰，也易生热，是引发咳嗽的诱因，所以要少吃甜食和饮料。气温下降后，室内门窗紧闭，空气不流通，病菌容易繁殖引起咳嗽，建议在风小的时候多带孩子到户外活动，以增强体质。家长要注意随着季节变化给宝宝增减衣服，不要给宝宝穿得过多，盖得过厚。出汗过多，更易引发感冒咳嗽，室内外温差最好不要超过5℃。当宝宝不易咳出痰液时，家长可将宝宝头朝下趴在膝上，然后用手掌轻轻拍打背部，促使痰液排出。

【镇咳食疗方】

葱姜粥：取粳米50克，生姜5片，葱5根，食醋1小匙。粳米煮粥，临熟时加姜、葱及醋搅拌，趁热食用。治疗风寒引起的咳嗽。

蜂蜜蛋花汤：取鸡蛋1只，蜂蜜1茶匙。将300毫升水煮开，打碎鸡蛋后冲入沸水中，再加蜂蜜，服用。主要治疗久咳少痰。

芝麻核桃粉：取芝麻15克，核桃15克，冰糖12克。将芝麻及核桃炒熟磨成粉，再放冰糖，用开水冲服。用于痰少肺虚咳嗽。

春季小儿支气管炎的护理办法

支气管炎一年四季均可发病，以冬春季最多见，并且没有明显的地域差别，无论南方还是北方的妈妈，冬春交替时节都要细心呵护宝宝的呼吸道，远离细菌病毒的侵袭。

● 症状

小儿支气管炎多见于1岁以下的宝宝，尤以6个月以下的婴儿最多，越小的宝宝病情越严重。支气管炎起病较急，开始多有上呼吸道感染症状，如鼻塞、流涕、喷嚏，体温一般不超过38.5℃，多在2—3天后退热。

● 区分急、慢性支气管炎

1、急性支气管炎初期为干咳，痰量逐渐增多，渐渐发展为黏液脓性痰。

2、慢性支气管炎以持续性咳嗽为主，迁延不愈，早晚较重，夜间最明显，痰量或多或少。慢性支气管炎在夏季较轻，冬季易出现急性发作，尤其是在外感疾病之后容易使病情加重。反复发作的孩子，体质多瘦弱。

● 四种治疗方法

西医治疗

急性支气管炎如为细菌感染，一般选用抗菌药物控制感染。若痰液黏稠不易咳出，一般选用必嗽平、小儿强力痰灵或咳必清糖水、复方甘草合剂等止咳化痰。频繁干咳时可服少量镇咳药物，有时也可使用氨茶碱或舒喘灵解痉止咳，但应注意避免用药过量及时间过长，影响纤毛的生理性活力，使分泌物不易排出。

中药治疗

(1)内服药

在缓解期可以用一些止咳平喘的中药制剂 ，也能在一定程度上减轻症状。

(2)外贴药

很多宝宝患病后，长期服药可引发某些药物的毒副作用，外贴中药的安全、方便便受到了很多家长的青睐。目前使用比较多的有百草琼浆益气贴和三九贴等。

推拿疗法

(1) 开天门

从眉间中点起，直上至发际为天门，用两手拇指桡侧(手臂自然下垂，掌心向前，内侧为尺外侧为桡)交替自下往上直推为开天门，每次推30—50次。

(2) 推坎宫

两眉上直对瞳孔，自内眉梢至外眉梢呈一条直线，为坎宫。两拇指自眉头向眉梢做分推为推坎宫，每次推20—50次。

饮食疗法

(1) 山药粥

若宝宝昼夜咳嗽不停，进食较少，面色萎黄，可用山药100克加水熬煮，煮熟加糖适量给孩子服用。

(2) 百合粥

鲜百合20克，糯米50克，共煮粥，冰糖调服。有健脾补肺、止咳定喘之效。

(3) 杏仁粥

杏仁20枚，去皮尖，粳米50克，共煮粥服。

(4) 梨粥

鸭梨1个，去核切片，取杏仁9克、冰糖15克水煎服。也可将鸭梨与粳米同熬成粥，可清心润肺、止咳除烦。

(5) 山杏汤

山药200克，煮熟捣为泥状，粟米250克炒熟研粉，杏仁去皮尖500克炒熟研粉。每天早上用开水冲泡粟米杏仁粉10克，兑入山药泥适量。可益气补虚、温中润肺，用于小儿久咳不愈或反复发作。

● 六项居家护理

保暖

温度变化，尤其是寒冷的刺激可降低支气管黏膜局部的抵抗力，加重支气管炎病情。因此，家长要随气温变化及时给患儿增减衣物，尤其是睡眠时要给患儿盖好被子，使体温保持在36.5℃以上。

多喂水

小儿支气管炎时有不同程度的发热，水分蒸发较大，应注意给患儿多喂水。可用糖水或糖盐水补充，也可用米汤、蛋汤补给。饮食以半流质为主，以增加体内水分，满足机体需要。

营养充分

宝宝患支气管炎时营养物质消耗较大，加上发热及细菌毒素能够影响肠胃功能，容易导致消化吸收不良。家长要采取少量多餐的方法，给宝宝选择清淡、营养充分、均衡易消化吸收的半流质或流质饮食，如稀饭、煮得很烂的面条、鸡蛋羹、新鲜的蔬菜汁和水果汁等。

促进咳痰

患儿咳嗽、咳痰时，表明支气管内分泌物增多，为促进分泌物顺利排出，可用雾化吸入剂帮助祛痰，有的医生会建议在雾化剂里加入祛痰止咳的药，效果会更好，一般每日2—3次，每次5—20分钟。还应该帮助宝宝翻身，每1—2小时一次，不让痰液在体内淤积。拍背是帮助宝宝拍痰的好办法。拍背时应将宝宝直立抱起，拍背的手应微微蜷起，形成中空状，这样宝宝就不会感觉很疼，并且震动的效果比较好。拍背时两侧肺部都应该拍到，肺脏的上下左右前后也都应该拍到。由于体位的关系，宝宝的背部和肺下部更容易产生液体积聚，所以应着重拍这些部位。拍背时应发出"啪、啪"的响声，这样的拍背才能有效。

退热

宝宝患支气管炎时多为中低热，如果体温在38.5℃以下，一般无需给予退热药，主要针对病因治疗，从根本上解决问题。如果宝宝有发烧现象，家长应定时为宝宝测量体温。当体温高于39.5℃，可使用头部冷敷或温水擦浴的方式物理降温。但是幼儿不宜采用此方法，必要时应用药物降温。

保持家庭良好环境

患儿所处居室要温暖，通风和采光良好，并且空气中要有一定湿度，防止过分干燥。室内要避免烟雾和灰尘的刺激，也不要孩子接触表面为油漆的物品。宝宝所用的被子、枕头要轻软，不用动物羽毛及毛毯，不要在宝宝的房间放置花盆，家里也不要使用煤炉。

● 四个饮食宜忌

食物宜清淡

新鲜蔬菜如白菜、菠菜、油菜、萝卜、胡萝卜、西红柿、黄瓜、冬瓜等，不仅能补充多种维生素和无机盐的供给，而且具有清痰、去火、通便等功能。黄豆及豆制品含人体需要的优质蛋白，可补充慢性气管炎对机体造成的营养损耗。

强化平时饮食

平时可多选用具有健脾、益肺、补肾、理气、化痰的食物，如猪、牛、羊的肺脏及枇杷、橘子、梨、百合、大枣、莲子、杏仁、核桃、蜂蜜等，有助于增强体质。

忌食海腥油腻

因"鱼生火、肉生痰"，故慢性支气管炎的宝宝，应少吃黄鱼、带鱼、虾、蟹、肥肉等，以免助火生痰。

不吃刺激性食物

辣椒、胡椒、蒜、葱、韭菜等辛辣之物均能刺激呼吸道使症状加重，菜肴调味也不宜过咸、过甜，冷热要适度。

亲子互动游戏

第一周

玩水是宝宝的天性，准备一些卫生沐浴的玩具，当给宝宝洗澡的时候，放一些沐浴玩具漂浮在浴缸中，一边沐浴一边引导宝宝去抓漂浮的玩具，这个游戏不但让宝宝沐浴的时候充满乐趣，还会提高宝宝的视觉追踪能力和抓握能力。

本周宝宝的好奇心更重了，可以准备一些有因果关系的玩具。比方说，按下按钮就会有音乐响起同时有一个小玩具跳出来类似的玩具，宝宝会非常喜欢，而且不厌其烦的一遍一遍的探索。

第二周

互动的吹喇叭游戏，能够使宝宝十分快乐。在给宝宝洗完澡的时候，将嘴唇顶在宝宝裸露的肚子上吹气，发出的声音听起来就像个技术不佳的喇叭手试着在吹喇叭一样。宝宝会觉得痒，而且声音听起来很好玩，十分有趣。这个游戏可以提高宝宝触觉能力以及反应能力。

第三周

本周可以准备一个小皮球，在宝宝情绪很好的时候，妈妈将球滚向墙壁，这样它就会再滚回来，注意看宝宝看球的样子。还可以在宝宝面前慢慢地上下拍球，观察宝宝看球的样子。这两种活动可以帮助宝宝练习他的视觉技巧，相信宝宝会玩得很开心的。如果家长拍球的时候，宝宝伸手去拿球，就把球给他，这样宝宝就能去感觉球的质地与重量。这个游戏提高视觉追踪的能力，加强观察能力培养，发展协调性。

第四周

自己做一本柔软的故事书，应该很有趣。准备各种材质的布料，剪出几块方形的布作为"书页"，再用不同颜色材质的布剪出一些形状，在上面用不褪色的黑笔加入一些细节。然后，将那几块布缝到书页上，并在每页的左边打几个洞，用棉线绑在一起，这就是一本属于宝宝的书了。

宝宝一定很喜欢这本书的，在翻书的过程中宝宝可以触摸到不同材质的书料。家长同时也可以给宝宝讲解，这是方形，这是圆形等等。

宝宝本月成长记录	
体重	
身高	
头围	
囟门	
牙齿	
饮食	
活动	
大便	
睡眠	
其他情况	

第八章 宝宝6个月

过了半岁的宝宝与爸爸妈妈交流的方式越来多，表情也越来越丰富。当他不耐烦的时候，会把小脸皱起来，吭吭唧唧甚至扔东西；而当他高兴时，会手舞足蹈，有时会做出类似鼓掌欢迎的动作。宝宝的发音也多了起来，会发出ma—ma，ba—ba，nai—nai，da—da等一些音。

此时的宝宝已经会翻身，还不会爬。尽管如此，他会用自己的方式在房间里移动；也可能会将自己的身体抬高成爬行姿势，前后摇动。如果你扶着他，他会站得很直，并且还喜欢托着你的手跳跃。宝宝对周围的一切越来越有兴趣，他能注视周围更多的人和物体，会把注意里集中到他感兴趣的事物和颜色鲜艳的玩具上，因此，多带宝宝到户外，会更有利于扩大宝宝的认知范围。

此时，宝宝最大的特点是对能够抓握的小东西非常感兴趣，他会很好地握住奶瓶，也可能会用手指捡东西，会将东西从一手换到另一手，还会举起、摇晃、推、拉、压挤，以及抛掷靠近宝宝的东西。当他手里拿着玩具时，他会使劲地用手摇晃玩具，或重重地扔在地上听玩具发出的响声。随着宝宝观察力的提高，他对于环境也更加了解，他会寻找挡在某件物品后面的玩具。

宝宝在大动作上也有了明显的进步，他翻滚的动作越来越灵活，不但能从仰卧翻到侧卧和俯卧，还能从俯卧翻过来到侧卧和仰卧。有些宝宝可以不倚靠东西独坐了。语言是宝宝发育中的另外一个重要部分，宝宝现在会用许多不同的声音来表示愉快，他可能会将几个声音串联起来重复说，当然这时候宝宝依然处在无意义发音阶段。

这时的宝宝体格进一步发育，神经系统日趋成熟。许多宝宝已经长牙了，宝宝现在更喜欢啃咬东西甚至是妈妈的手，宝宝的双腿更有力了。

宝宝吸引你注意力的方式越来越丰富，不仅仅是哭，他还会通过扭动身体、弄出响声来让你关注他。平时喜欢到外面玩的宝宝，会经常用手指窗外，他想让你带他到室外看看他的小朋友、小鸟和小草哦！宝宝的深度感现在相当准确了，并可以分辨物品的远近，当居室中的家具陈设有所变化后，你能发现宝宝会感到很惊讶或不安。

从现在开始，如果你的宝宝抢大人喂饭用的勺子，从你的碗里拿东西吃，说明他已经可以自己用手抓东西吃了，你可以给宝宝提供更多"手抓饭"的机会，让他体验到用餐的乐趣和独立的快乐。在精细动作能力发展方面，宝宝现在不再是抓东西，而是用手指捏东西。他会指出自己想要的东西，假如你指向某个物品，他或许能够找到它并触碰它。

宝宝能更轻易地到处移动了，他可能肚子和双腿还是拖在地板上，只靠手臂往前移，他也可能坐在地上快速往后退或往前移。动作上的发展可以帮助宝宝更好地探索周围的事物，满足他强烈的好奇心。现在，你宝宝的小腿已经能够支撑起他身体的部分重量了。他喜欢上下蹦，这种动作有助于增强宝宝走路时需要用到的肌肉的力量。你可以从腋下扶住他，试着让他站在地板上或你的大腿上。

一、本月特别关注

😊 幼儿急疹

幼儿急疹是一种自限性疾病，也叫婴儿玫瑰疹，是由人疱疹病毒6型引起的一种婴幼儿急性传染病。一年四季均有发病，以冬春季多发。除了幼儿急疹，儿童常出现的出疹性疾病还有麻疹、猩红热、风疹、水痘等。幼儿急疹病后可获得比较巩固的免疫力，再次发病的情况比较少见。

幼儿急疹多发生于6至18个月的婴幼儿，常常是突然发病，体温迅速升高，常在39℃至40℃。高热早期重症患者可能伴有惊厥，有的出现轻微流涕、咳嗽、眼睑浮肿、眼结膜炎。在发热期间有食欲较差、恶心、呕吐、轻微腹泻或便秘等症状，并且咽部充血，颈部淋巴结肿大。发热三至五天后体温骤降，退热后孩子全身可出现大小不等的淡红色斑疹或斑丘疹，先从胸腹部开始，很快波及全身。这时孩子已经退烧，可安然入睡，在医学上称"退热疹出"，是幼儿急疹的特有表现。

幼儿患了急疹一般不用特殊治疗，只要加强护理和给予适当的对症治疗，几天后就会自己痊愈。宝宝发烧38.5℃以下也无需服用退烧药，只需要给宝宝物理降温即可，同时注意多喝水，给予容易消化的食物，适当补充维生素B和维生素C等，多休息，减少户外活动，注意隔离，避免交叉感染。孩子发热时，要给患儿多饮水。如果体温较高，孩子出现哭闹不止、烦躁等情况，可以给予物理降温或适当应用少量的退热药物，以免发生惊厥。年轻的妈妈在遇到这种情况时，不要急于给孩子退烧，应查看疫苗接种情况，配合医生治疗。

🙂 护理宝宝的牙齿

这个阶段的宝宝已经进入了出牙期，从宝宝开始萌出第一对乳牙开始，妈妈和爸爸就要特别注意宝宝乳牙的护理。乳牙的好坏，将对宝宝的咀嚼能力、发音能力，对后来恒牙的正常替换以及全身的生长发育都有着非常重要的作用。婴幼儿时期主要的口腔疾病是龋齿，也就是通常所说的蛀牙，而蛀牙主要是由牙菌斑引起的。专家们都认为，清除牙菌斑应从第一颗乳牙萌出时开始。而这一早期的清洁工作，完全需要靠家长来完成。

正确的清洁方法是：妈妈坐在沙发或床边，让宝宝躺在怀中。妈妈用一只手固定幼儿的头部和嘴唇，另一只手拿婴幼儿专用的指套牙刷，蘸上温开水为宝宝清洁牙齿的外侧面和内侧面。给3岁前的宝宝刷牙，不要使用含氟牙膏，如果宝宝把牙膏吞进去，长期这样会对身体产生危害。

🙂 断奶

凡是喂过母乳的妈妈，都在不同的阶段面临过断奶的问题。断奶，远非字面意义上那样简单，而是母子关系的一种重大转变。顺利地断奶，对于母子双方的身心健康都至关重要。

断奶首先要选择合适的季节。夏天，宝宝容易出现食欲下降或消化不良，不适宜断奶。而冬季是呼吸道传染病发生和流行的高峰期，也不适宜断奶。一般来说，在秋季断奶较为适宜。秋季气候宜人，正是水果的旺季，各种辅助食品供应也较为丰富，有利于孩子断奶。最自然最理想的断奶方法就是在辅食添加，配方奶粉喂养上多下工夫，让宝宝习惯并喜欢上其他食物的滋味，就不那么迷恋母乳了。断奶整个过程要循序渐进，逐渐减少母乳喂养次数，增加辅食和配方奶次数，这样宝宝会比较容易接受，妈妈的母乳分泌也会随之自然减少，避免涨奶，甚至乳腺炎的情况。

🐝 婴儿患中耳炎

　　婴儿容易患耳病，尤其容易患中耳炎，还有外耳道炎、外耳道疖肿等。婴儿易患中耳炎的原因大多是因为宝宝的咽鼓管位置呈水平状，且较宽、直、短，故宝宝患上呼吸道感染时，鼻咽部的细菌或病毒容易通过咽鼓管侵入中耳，引起急性化脓性中耳炎。如果婴儿总是枕在潮湿的枕头上（爱出汗的婴儿，汗液把枕头弄湿了；爱吐奶的婴儿，奶也流到婴儿的耳朵底下），还可引起婴儿耳后湿疹。

　　患中耳炎时，宝宝的耳道外口处会因流出的分泌物而湿润，但两侧耳朵同时流出分泌物的情况很少见。宝宝常会感觉到耳朵跳痛或刺痛，在吸吮、吞咽及咳嗽时耳痛就会加剧。婴幼儿由于不能表达自己的想法，常表现为烦躁、哭闹、夜眠不安、摇头或用手揉耳等。由于吸吮和吞咽时耳痛会加剧，所以患中耳炎的宝宝往往不肯吃奶。当宝宝哭闹或发烧但是找不到原因时，要考虑是否患了中耳炎，到医院就诊的时候，也可提醒医生检查一下。

二、和妈妈有关的话题

😊 如何喂养

● 第一周

　　如果你的宝宝现在还会把食物从嘴里吐出来，不要着急，这只是宝宝最初的本能动作。当宝宝不再对食物有恐惧并习惯后，这种舌头的反射就会消失。

当你喂宝宝时，他可能调转头去或紧闭嘴唇来向你表示不吃。那你也需要耐心，不要轻易更换为新食物，慢慢来直至最终宝宝接受。但注意整个进餐时间不要超过25分钟。

建议给宝宝买一个舒服的儿童餐椅、一套漂亮的餐具以及专用的婴儿勺，固定就餐位置也能培养宝宝饮食好习惯。

● 第二周

宝宝大多已开始长出了几个小牙，有了咀嚼能力，舌头也是辅助的搅拌器。这时除了要继续保证宝宝每天的奶量在600ML左右外，宝宝对食物的口味也有了自己的爱好。继续辅食的同时试着慢慢增加碎菜、鸡蛋、粥、面条、鱼、肉末等，辅食的性质还应以柔嫩、半固体为好。少数宝宝此时不喜欢吃粥，而对成人吃的米饭感兴趣，也可以尝试让宝宝吃一些软烂的米饭，但要注意观察是否有消化不良等现象。

以前不擅长烹饪的妈妈现在可能要恶补一下厨艺了。前几个月准备好的食物料理器还会派上用场，相信你会有非常大的学习动力！

141

● 第三周

虽然这时期宝宝生长发育的速度较前半年而言相对放慢，但对宝宝喂养的要求却要更加细致周到。此时宝宝摄取营养的近一半都来自于辅食，给宝宝做的蔬菜品种应多样，如胡萝卜、西红柿、洋葱等，对经常便秘的宝宝可选菠菜、卷心菜、萝卜、洋葱等富含纤维多的食物。

食物也应从泥状逐渐变为糊状，放入宝宝口中稍微含一下就可吞下，食物颗粒也可逐渐增粗，不再需要过滤，水分也可逐渐减少。

但有一些食品，如油炸、膨化、罐头等最好不要给宝宝吃。选择专门的婴幼儿食品时也要注意品牌知名度与正规购买渠道。

● 第四周

在此阶段重要的是食物的合理搭配，及辅食是否适应此年龄段的宝宝。至于辅食添加的时间、次数还要因宝宝个体差异而定。主要取决于每个宝宝对吃的兴趣和主动性。当不喜欢吃辅食的时候，喂一顿要和他"商讨"一个小时，不如喂一次，保证奶量就好，省出时间让宝宝享受和父母一起游戏和户外活动的欢乐，对宝宝健康成长更有益。

为宝宝做些什么？

● 第一周

•宝宝进入了辅食期，为宝宝选择婴儿专用的安全餐具很重要。

•此时的宝宝正处在认知发展的高峰期，多带宝宝到户外，看看花草、小鸟，对宝宝的认知发育非常有利。

•带栏杆的床不再适合宝宝了，当宝宝醒着时，最好放在大人的床上或放在铺着地毯或地垫的地上，让宝宝尽情地运动。

● 第二周

•这个时候可以教宝宝一些手语了："再见、谢谢、鼓掌"，都可以尝试着教给宝宝。

•多给宝宝提供可以抓握的，不同形状、材质、颜色的物品。

•爸爸妈妈对宝宝做一些鬼脸，看看宝宝是不是也会学相同的动作。

● 第三周

•此时，宝宝体内储存的铁已渐渐告竭，应从日常饮食中有意识地为宝宝补铁。

•每天不但要有和宝宝一起玩的时间，也要有让宝宝单独玩的时间。

•千万不要把他一个人单独留在床上，或其他升高的平面上，以免宝宝翻身摔下来。

•现在是宝宝建立自信的时期，当宝宝有了进步，不要忘记给宝宝一些赞扬和掌声。

•宝宝可能很喜欢趴着睡，这是正常的，不是什么疾病。只要保证宝宝的脸部附近不会有能够遮住宝宝口鼻的物品就可以了。

🔵 第四周

• 此时，爸爸妈妈应该开始训练宝宝爬了。

• 在吃辅食时，注意不要口对口喂宝宝食物，因为大人的唾液常带有细菌和病毒。

• 这个时期宝宝的身体长得较快，因此要随时注意给他补充钙质，以免由于缺钙形成肋外翻及鸡胸等症，也可避免缺钙引起的夜啼。

😊 妈妈常见的问题

母乳喂养到底应该坚持多久？

根据我国儿童发展规划纲要和实际情况，母乳喂养至少应该到6个月，完全断奶在8个月。如果宝宝在吃母乳的同时，添加了辅食，并且接受辅食情况良好，也可以推迟断奶。

🔵 从出生到6个月，为宝宝提供充足的母乳

宝宝一生中有两个生长高峰期，第一个生长高峰期就在1岁以内，特别是6个月以内，可以说是高峰期中的高峰，月龄越小，增长越快，这从宝宝体重、身高增长曲线上就能充分体现出来。母乳中含有4个月内婴儿生长发育所需要的所有营养物质，所以宝宝4个月前不必添加任何食物、水及其他饮料，建议用纯母乳喂养。

🔵 按需喂养

母乳喂养时，尤其是前1个月，按需哺乳非常重要。

🔵 及时添加辅食，为宝宝提供全面的营养

宝宝满4个月后，不论母乳量分泌多少，单纯母乳已经不能完全满足宝宝的发展需要，必须按照婴儿辅食添加原则，开始及时为宝宝添加辅助食品，如蛋

黄、菜泥、淀粉类食物等，以预防贫血和其他问题。

辅食的添加不是可有可无，要把它与哺乳等同起来。比如泥糊，它在人类饮食从液体过渡到固体中起着承上启下的作用。辅食种类及分量的不断增加，不仅是宝宝获取全面营养的保证，而且可以使宝宝逐渐进入离乳期，为以后完全断奶做好生理和心理准备。

● 哺乳期妈妈一定要注意自身的全面营养和健康

哺乳期的妈妈应该坚持补钙和维生素A、D，为宝宝提供优质"奶源"。如果妈妈缺钙，为保证乳汁中钙含量的恒定，就要动用妈妈本身的骨钙，会造成乳母骨软化、骨质疏松、腰腿疼痛等。

母乳的成分会随产后时期的不同有所改变，有些外在的因素还会暂时影响乳汁的分泌量，在注意正确哺喂的同时，注意劳逸结合、心情舒畅，不要过早节食，这样才能保证乳汁的正常分泌，且营养及免疫成分不会下降。

● 职场妈妈要保证乳汁分泌量不下降

可以将奶挤出来储存在奶瓶里，白天让看护人喂给宝宝，早、晚坚持哺乳；短期出差的妈妈可以提早把奶挤出来，储存在冰箱冷冻室里，由看护人喂给孩子；妈妈在工作及出差中，要注意及时挤奶。

● 断奶应循序渐进

一般情况下，如果选择8个月完全断奶，可以从宝宝6个月开始，逐渐减少哺乳次数，并以辅食等代替。当然母乳不足者，可提前断乳，尽量做好衔接，便于宝宝生理和心理的适应。

● 注意断奶的季节

断奶的季节最好是春、秋季节，气温不高不低，避免夏季断奶。

宝宝不会坐，需要看医生吗？

6个月以后的婴儿，基本上会坐，而且能坐得比较稳当了。但是，有的婴儿到了6个月仍然坐不稳，后背还需要倚靠着东西，有时会往前倾，这都是正常的。有的孩子到了7—8个月才能坐的稳，不能就此认为是孩子发育落后。但是，如果这个阶段的孩子还一点也不会坐，甚至倚靠着东西也不能坐，头向前倾，下巴抵住前胸部，甚至倾到腿部，这就需要看医生了。

如何看护好小宝宝免受意外伤害？

随着宝宝运动能力的增强，活动范围的扩大，发生意外的可能性也增加了，家长在照顾宝宝时要注意以下几点：

1、给宝宝创造在地上爬行的场地。把宝宝放在床上或儿童车上常常发生坠床和翻车事故，轻则受伤、骨折，重则颅脑损伤、危及生命。

2、在宝宝活动区周围不要放热水瓶、花盆、热饭锅、电器插座。

3、桌子不要铺桌布，万一宝宝拉桌布角会拉下桌上的物品砸伤自己。

4、活动区内清扫干净，不要有尖利物品、药品、杀虫剂，以免误伤误服。

5、不要有瓜子、花生、糖球、硬币、烟头等，以免宝宝误吸导致意外。

6、宝宝的床栏杆最少70厘米高，宝宝在床上必须拴牢栏杆。床内不可放大型玩具，以免宝宝登上玩具翻出床外。

7、不能让宝宝将塑料袋套在头上玩，不小心会造成窒息。

怎么看婴儿母乳量够不够呢？

其实可以从婴儿的睡眠情况来看。如果母奶量足够的话，婴儿多在10—15分钟之内就能吃饱，吃饱后的婴儿就不哭不闹地玩或安静地入睡。如果孩子吃完奶后，仍久久不能入睡，或入睡后不久又哭闹起来，或仍烦躁不安、不高兴，或未能维持3个小时就要吃奶了，这些情况都说明奶量不够。有的孩子吃奶时间较长，若用20多分钟仍吃不饱，就说明奶不足。即使在吃奶时入睡了，并不说明是吃饱入睡，而是由于吃奶时间过长，导致婴儿疲乏入睡。这样孩子睡眠中易于醒来，每次醒来都有强烈吃奶欲望，常常是急促地大口大口地吸吮起来。

小宝宝不会说话，孩子吃的母乳量够不够，细心的妈妈可以通过观察婴儿的睡眠情况，获得满意的答案。

怎样预防宝宝缺铁性贫血？

为了预防缺铁性贫血，让宝宝更健康成长，家长应注意以下几点：

1、应从母亲孕期营养抓起，要注意给孕妇提供含铁和维生素C丰富的平衡膳食，每日铁供给量达20毫克以上。同时要预防宝宝早产和低出生体重。

2、提倡母乳喂养，尽管母乳含铁量不高，但其吸收率达到50%，是牛乳的5倍，对宝宝来说是最佳食品。人工喂养的宝宝应选择母乳化的配方奶粉，这些奶粉均强化了铁和维生素C，充分考虑到预防缺铁性贫血这一关键环节。

3、4—6个月的宝宝应该及时科学的添加辅食。可以添加含铁比较高的食物，如鸡蛋黄，先将鸡蛋煮熟，先取四分之一的鸡蛋黄，用温的白开水将蛋黄调稀，喂给宝宝吃。

如果需要额外补充铁制剂，要在医生指导下进行，如果过量摄入会引起铁中毒。

三、和宝宝有关的话题

宝宝成长指标

第一周

6个月宝宝体重、身高参考值：
•男婴体重6.4—9.8kg，身长63.3—71.9cm；
•女婴体重5.7—9.3kg，身长61.2—70.3cm。

感官与反射：
•更加轻松地操纵玩具。

社会发展：
•当妈妈离开家，宝宝会哭闹。

生理发展：

- 会转动手腕来回翻转和操作物品。
- 会用手支着自己坐起来，但还坐不太好。

心智发展：

- 喜欢看变化的景物。
- 喜欢颠倒看东西。

● 第二周

生理发展：

- 可能会自己坐着。
- 肢体活动能力增强，脚和腿的力量更大了。

感官与反射：

- 会自己握住瓶子。
- 可能会抓住杯子的把手。
- 味觉喜好强烈。

心智发展：

- 会用力玩响声玩具，如铃铛或拨浪鼓。

社会发展：

- 可能会对陌生人感到不安。

● 第三周

生理发展：

- 头部平衡很好。
- 可能开始长牙。

感官与反射：

- 喜欢用嘴和手去探索身体。
- 可能喜欢吸手指。

心智发展：

- 如果家人的外貌有所改变，比如变化发型，带上墨镜等，宝宝会很警惕，直到听到你的声音认出你为止。

社会发展：

•会辨认家中成员。

● 第四周

生理发展：

•会用翻滚的方式在房间里到处移动

•仰卧时会抬屁股移动。

感官与反射：

•会抓、操纵、口含、及用力拍东西。

心智发展：

•会将宝宝图片与自己联想在一起，并发出适当的声音。

社会发展：

•开始透过音调学习"不"的含义。

营养食谱

● 第一周

土豆苹果糊

原料：土豆50克，苹果80克，清汤100克

做法：1、土豆炖烂之后捣成土豆泥，苹果用擦菜板擦好。

2、将土豆泥和清汤倒入锅中煮，苹果中加入适量的水，用另外一个小锅煮。

3、煮至稀粥样时即可将火关掉，将苹果糊放在土豆泥上即成。

● 第二周

蔬菜米汤

原料：大米、土豆、胡萝卜。

做法：1、大米淘净并用水泡好，土豆和胡萝卜切小块。

2、将大米和切好的蔬菜倒入锅中加适量的水煮。

3、将煮好的材料过滤一遍，放少量盐调味。

● 第三周

水果藕粉

原料：藕粉50克、苹果75克、清水250克。

做法：1、将藕粉加适量水调匀。苹果去皮，制成泥。

2、小锅加清水烧开后改小火，倒入调匀的藕粉，边煮边搅拌。

3、煮至透明后，加入苹果泥稍煮片刻，温凉后即可喂食。

功效：健脾开胃，补血止泻。

● 第四周

鲜虾肉泥

原料：鲜虾肉50克、香油少许。

做法：将鲜虾肉洗净，制成肉泥后，放入碗中；碗中加少许水，放入锅中蒸熟即可。

功效：含丰富的蛋白质、钙、磷、铁、维生素A、维生素B1、维生素B2等，有补肾益气功效。

🐛 宝宝常见的问题

婴儿什么时候开始添加辅食较好？

确定婴儿能够吃的时间，关键点是要从婴儿的实际需要，而不是只根据月龄来作决定。如婴儿出现以下情况，就可考虑添加辅食：

看体重

体重已达到出生时体重的2倍，通常为6千克。如出生时体重3.5千克，则要到7千克。小样儿或出生体重2.5千克以下的低体重儿，添加辅助食品时，体重也应达到6千克。

看食奶量和喂奶后表现

即使每天喂奶多达8—10次，或一天吃配方奶达1000毫升，仍发现婴儿有饥饿感或有强的求食欲，这表明婴儿营养需要在增加。

看动作发育

能扶着坐，俯卧时抬头挺胸，能用双肘支持其重量。在感觉方面，婴儿开始有目的地或喜欢将手和玩具放在口内。

看婴儿对食物的反应

别人吃东西时婴儿会饶有兴趣地观看，跟着食物从盘子到嘴里的过程。

当小匙碰到婴儿口唇时，婴儿表现出吸吮动作，能将食物向后送，并吞咽下去；当婴儿触及食物或喂食者的手时，表示出笑容并张口，说明婴儿有进食愿望。

相反，试喂食时，婴儿头或躯体转向另侧，或闭口拒食，则提示可能添加辅食为时过早。

此期婴儿一般为4—6月龄。通常生长速度快、又较活泼好动的婴儿要比长得慢又文静婴儿需要早一点添加辅食。人工喂养较混合喂养及母乳喂养的婴儿添加辅食为早。

宝宝得了湿疹该怎么办？

婴儿湿疹急性发作时瘙痒难忍，宝宝会因此不舒服而表现哭闹、烦躁、睡眠不安、食欲下降。家长在家庭护理时应注意以下几点：

避免给宝宝吃容易引起过敏的食物；

适宜的温度

室温不宜过高，外出尽量避免日光、紫外线的直接照射，衣服不宜太紧太厚。

患处护理

保持局部干燥。用温水洗澡、洗脸，不用热水和肥皂清洗湿疹部位，以免症状加重。不要强行把痂皮剥下。别让孩子抓搔患处以免导致感染。

谨慎用药

可以在医生的建议下，涂外用湿疹膏，不宜涂得太厚。

其他

内衣要选纯棉制品，洗衣物和尿布选择中性低磷洗涤剂，洗后必须漂洗干净，尽量减少残留洗涤剂对宝宝皮肤的刺激，不给宝宝吃得过饱。对于久治不愈的湿疹，需带宝宝及时就医。

怎样预防宝宝烫伤？

宝宝学会爬后，他的活动范围就变广了，加上好奇心强烈，很容易发生意外，其中烫伤最常见。

家长应抓住机会教育宝宝，如看见宝宝想用手去摸暖气、热饭碗、火炉等，大人应先将自己手指触一下这些东西，然后急忙缩回，装着很烫的样子，喊"烫、疼"，宝宝看见后，就不动手去摸了。更重要的是把能造成烫伤的危险品移开或加上防护措施，如热水瓶不要放在桌子上，熨斗等电器用具要放在宝宝够不到的地方，桌子上不要摆放桌布，防止宝宝拉下桌布，弄倒桌上的碗而烫着自己，暖气或火炉的周围要设围栏，厨房的门应锁上，以防宝宝迈入，被热粥、开水等烫到。

如何预防尿布疹的发生？

尿布疹是宝宝最常见的皮肤问题，患了尿布疹的宝宝，小屁屁又痒又痛，红得就像个大苹果，使得他们寝食不安，整天哭闹个没完没了，这让妈咪心里真着急。怎样才能让尿布疹远离宝宝呢？

尿布疹是由于尿布更换不及时，大小便污染尿布后，刺激皮肤而形成的，当尿布不透气，尿布用洗衣粉洗后未漂净，残留较多碱性物，或腹泻宝宝便后未及时更换尿布均会发生尿布疹。开始时仅为臀部、外阴部皮肤发红，严重者可使皮肤糜烂、溃疡。

预防臀红、尿布疹的发生，妈妈要注意以下几点：

1、选择柔软、透气性好的尿布并勤加更换。可选棉布类或质量好的纸尿裤。建议棉织品的尿布和纸尿裤交替使用，在家有人照看时用棉布尿布，外出时或夜间可用纸尿裤。

2、给宝宝做排便训练，定时把把尿，以养成良好的排尿习惯。

3、便后及时清洗臀部，洗后用植物油或护臀霜涂抹臀部。如果出现臀红或更严重的现象要及时去医院做治疗。

如何让宝宝泪腺舒畅？

有5%—10%的新生儿的泪腺没有打开或者没有完全打开，因此，有时你会发现宝宝的眼泪聚集在眼睛里，直到最后积满了，才溢出来。这样的情况会随着宝宝的发育慢慢有所好转，家长应每天在孩子患眼的鼻梁侧（医学上称内眦部），由上向下顺序进行适度的泪囊区按摩，按摩时手指不要在皮肤上滑动或搓动，而是用拇指紧贴皮肤，用力于皮下的泪囊区使之由上而下的滑动与按摩。这样的按摩每天可进行4—6次。如按摩不见效，可以到医院让眼科医生为孩子反复进行泪道冲洗，如果仍未奏效，则应尽早行泪道探通术。

🐸 亲子互动游戏

第一周

每天妈妈都会陪伴着宝宝，但是如果宝宝看不见妈妈的时候就会大哭。好玩的藏猫猫游戏能够让宝宝了解到妈妈藏起来或者离开一会儿，是还会回来的，这样宝宝的心理就不容易产生焦虑和害怕了。妈妈可以用手绢或者纱巾把脸藏在起来（妈妈藏起来喽），然后数1、2、3（妈妈又回来了），把手绢迅速地拿下来，当妈妈又出现时，宝宝会高兴的咯咯笑。

第二周

宝宝越来越喜欢和家长玩闹了，喜欢被"举高高"，喜欢摇晃类的亲子运动。妈妈可以准备一些短小的儿歌，比如说："小白兔，白又白，两只耳朵竖起来，爱吃萝卜，爱吃菜，蹦蹦跳跳真可爱"。说这个儿歌的时候，要有节奏感，边说边抱着宝宝有节奏的摇晃，或者是有节奏的举高。这个游戏能够很好的培养宝宝的节奏感，多听儿歌也可以丰富宝宝的语言能力，另外还会增强母子之间的感情，宝宝会玩得很开心。

第三周

家长可以累积一些象声词和一些图片，比方说拿出小猫的图片，告诉宝宝小猫"喵喵"；小鸭子图片，鸭子叫"嘎嘎"；汽车图片，汽车"嘀嘀"等等。声音和事物联系起来，可以丰富宝宝的知识，满足孩子的好奇心。

在宝宝洗澡的时候可以玩"捡东西"的游戏。把一些大小形状不一的漂浮玩具放在浴缸里，然后引导宝宝拿一个玩具给妈妈，这个游戏可以帮助宝宝增进小手的灵活性和手眼协调性。

第四周

叫名字游戏：妈妈用相同的语调叫宝宝的名字和其他人的名字，被叫到名字的人要答应一声，然后微笑，让宝宝知道这样和别人互动。这样当叫到宝宝名字的时候，宝宝如果能够转过头来，看着妈妈微笑，或者发出一个答应的声音，那么表示宝宝明白了，要及时的表扬宝宝哦。这个游戏能够训练宝宝对特定语言的反应能力，还会宝宝让知道自己的名字以及怎样与人互动等。

如果宝宝小手很有力量的话，可以给宝宝准备积木来玩了。有些宝宝会双手各持一块积木碰撞出声音，有些宝宝会模仿大人把一块积木搭在另一块积木上，并发现搭起来的积木比没搭的时候高。这个游戏可以培养宝宝的耐心和手眼协调能力，不过小手力量不足的宝宝家长也不需要着急，有可能宝宝下周就可以搭积木了。

宝宝本月成长记录

体重	
身高	
头围	
囟门	
牙齿	
饮食	
活动	
大便	
睡眠	
其他情况	

第九章 宝宝7个月

你的宝宝现在的进步更明显了，他可以靠支撑站立，将物品从一手换到另一手，用手和膝盖将身体推起来，利用翻滚到达他想去的地方。此时的宝宝不仅爬行的本领与日俱增，而且不靠支撑就能坐得相当久了。他可能扶着东西站起来，但是要注意哦，宝宝现在还不会自己坐下，你可以教他向前弯一下腰再坐下，这样他就不会摔倒。

上个月还不会在床上打滚的宝宝，这个月可能突然会在床上打滚了。胳膊和手的运动能力也强了，趴着时总是伸胳膊够他前面的东西，够不到，还会一拱一拱地向前爬，但手脚配合还不协调。他仍然喜欢把玩具放在嘴里，但已经不是吸吮，而是啃了，如果长牙了，还会啃得咯吱咯吱响。

宝宝的感情越来越丰富了，如果你把他手中的玩具拿走，宝宝会大声地哭。但宝宝的情绪也跟宝宝的个性有关，有的宝宝比较"憨厚大方"，拿走就拿走，不在乎，如果眼前还有别的玩具，拿起来照玩不误。宝宝白天的睡眠时间继续缩短，夜间睡眠时间相对延长，这大概是爸爸妈妈最高兴的事情了。现在，宝宝体重增长速度逐渐缓慢，但宝宝体重的绝对值是上升的。

此时，宝宝的兴趣就是爬行，因此他一直在努力发展他的爬行技巧。也许他现在仍然是匍匐前进，用不了多久，宝宝的爬姿就会很标准了。你的宝宝坐着时已经能够伸直背了，他甚至还能扭转身体，这种能力使他在玩耍时坐的时间更长些。还有一件有趣的事，如果你的宝宝正对着镜子欣赏自己的形象，而你突然出现在他的身后。这时，宝宝很可能会转过身来找你，而不会认为你就在镜子里。

宝宝像个小精灵，他能看懂你的表情和你情绪的变化，并且非常清楚自己在你心目中的位置呢。宝宝见到生人会一脸严肃，而且更不愿意与妈妈分离。不用担心，这并不是说明你的宝宝没有安全感，而是宝宝还处在依恋高峰期。出门前，你要给宝宝一大堆拥抱和亲吻，告诉他你一会儿就会回来。虽然他还不明白一小时后你会回来的含义，但你的爱和亲热能够安慰宝宝，帮他渡过你不在的这段时光。

在语言理解方面，宝宝主要还是响应说话者的音调，而不能完全了解话的意义。当别人在对话中使用到他的名字时，他能听得出来，并会转向叫他名字的那个人。现在，宝宝依然是双手并用，有时会用右手捡东西，接着又用左手，他不会区分左右手。

现在宝宝可以很平稳地独坐了，两只手握着玩具玩耍，也不再需要物体支持身体。这些动作看似平常，但对宝宝来说却是一个里程碑。这段时间，你的宝宝逐渐能够表现喜好与厌恶。他可能会避开他不喜欢的玩具，或哭着要一样他想要但却没有的玩具。宝宝甚至开始探索原因和结果的关系，他开始了解，当他以同样的方式重复某些行为时，几乎总是会带来同样的结果。他开始意识到自己的身体和运动的关系，会踢悬挂着的玩具，开始把所学的本领运用到新的活动中去。

你可能发现，宝宝会用手抓起物体，能把物体从一只手倒到另一只手，会把物体主动放下，再拿起来。当宝宝听到有节奏的音乐，会坐在那里随着节拍左右摇晃身体。

一、本月特别关注

宝宝的睡姿

也许你会发现，一向仰睡的宝宝现在突然会趴着睡觉了，即使妈妈把孩子变成仰卧，可是不一会，宝宝又趴过来了。有些妈妈会非常担心这是病态，怀疑宝宝身体里缺少什么元素或者肚子里有虫，其实不是的，这只是一个睡眠习惯，宝宝感觉趴着睡觉会更舒服一些。

实际上，宝宝不会整个晚上都采取趴睡的姿势，他们也会变换体位，只是没有成人变换体位的频率高。有些妈妈也许担心趴睡会堵塞住宝宝的口鼻，造成窒息。3个月前的宝宝确实会有这方面的问题，但是现在的宝宝已经能够自由转动头部和颈部了，即使俯卧时也会把头转过来，脸朝一边躺着，而不会把脸埋在床上或枕头上。但也有特殊情况，宝宝因为某种疾病而不能仰卧睡觉，如脑后长了疙瘩或者臀部有疖肿，一碰就疼的时候只能侧卧着睡觉。总之，对于趴着睡觉的宝宝，妈妈不用过多担心，大多数趴睡的宝宝在一段时期以后，又会变回仰卧的姿势。

不少年轻父母喜欢让宝宝趴着睡觉，希望利用睡姿使头部长得椭圆状。因为医学临床观察确实发现，在颅骨缝尚未关闭定型前，不同的睡姿会对未来颜面和头颅的生长有所影响。

除了婴儿的外观，睡姿对健康及智力方面的影响亦是父母所关心的。事实上，不论是仰睡或是趴睡，从健康角度来看，都不会影响婴儿的健康。

对婴儿智力是否有影响呢？据美国《小儿科医学》期刊报告，研究人员对350个健康宝宝进行睡姿研究，发现趴睡的婴儿可能智力发育较快，但仰睡的宝宝能够逐日赶上趴着睡的宝宝。

趴睡

胎儿在母亲的子宫内就是腹部朝内，背部朝外的蜷曲姿势，这种姿势是最自然的自我保护姿势，所以宝宝趴睡时更有安全感，容易睡得熟，不易惊醒，有利于宝宝神经系统的发育。趴睡还能使宝宝抬头挺胸，锻炼颈部、胸部、背部及四肢等大肌肉群，促进宝宝肌肉张力的发展。趴睡还能防止因胃部食物倒流到食道及口中引发的呕吐及窒息，消除胀气。

哪些宝宝不适合趴睡：患先天性心脏病、先天性喘鸣、肺炎、感冒咳嗽时痰多、脑性麻痹的宝宝，以及某些病态腹胀的宝宝，例如患先天肥大性幽门狭窄、十二指肠阻塞、先天性巨结肠症、胎便阻塞、坏死性肠炎、肠套叠和其他如腹水、血液肿瘤、肾脏疾病及腹部肿块等疾病的宝宝，不适合趴睡。

哪些宝宝很适合趴睡：患胃食道逆流、阻塞性呼吸道异常、斜颈等的宝宝，可以尝试趴睡，以帮助缓解病情。下巴小、舌头大、呕吐情形严重的小孩，必须趴睡。另一种状况要特别注意，幼儿有痰时，常常会呕吐，一旦有呕吐，要让幼儿趴下，使食物流出，才可再躺下，否则容易引起窒息。

环境：一般认为，婴儿在两三个月时头部的控制还不是很好。若头部的周围有柔软的东西(例如棉被、枕头、玩具等)遮住或压住鼻孔，婴儿容易因为没有能力抬高头颈部转个方向换气，因而让被褥堵塞口鼻引起窒息。所以床铺不能过软，周围也不可以放置任何毛巾或玩具，更不可以用所谓的婴儿专用枕头（即中央凹陷状似甜甜圈的枕头）让婴儿趴睡，以免发生意外。

● 仰睡

仰睡可以使肌肉放松，对心、肺、胃肠和膀胱等全身脏器不会形成压迫感，还可以让家长直接观察到宝宝睡觉时的脸部情况。

但仰睡也不全然没有危险。有些新生儿仰睡，会使得已放松的舌根后坠，从而阻塞呼吸道，出现呼吸费力的现象。另外，新生儿的胃都是水平的，喝奶时宝宝常会吸入一部分空气，胃部空气要排出来，往往会溢奶。仰卧的宝宝发生溢奶现象很危险，呕吐物很可能回呛阻塞呼吸道，甚至吸入肺部。所以每次给宝宝喝完奶，应该轻轻拍打宝宝的背部，帮助他排出胃部空气。然后可让宝宝趴在大人肩上睡一小会，促进奶水更快进入小肠，减少胃食道逆流造成呕吐。

研究人员建议，晚上睡觉时，最好让宝宝躺着睡。白天午睡或有大人照顾时，可把睡姿调整成趴着睡。睡觉房间最好保持适当温度、湿度、光线，宝宝才会睡得香甜。

● 侧睡

许多医生都提倡宝宝侧睡。对消化道未健全、吃奶后容易溢奶的婴儿来说，侧睡可以更好地避免溢出的呕吐物进入呼吸道引起窒息。侧睡时脊柱略微弯曲，肩膀前倾，两腿弯曲，双臂自由放置，全身肌肉处于松弛状态，血液循环畅通，婴儿睡得安稳。

向右侧卧比向左侧卧更佳，因为左侧卧心脏受到一定程度的压迫，常会自我感觉到心跳，难以入睡。右侧卧不但不会压迫心脏，位于右上腹部的肝脏也能得到较多的血液，帮助婴儿胃中的食物向十二指肠运送，使消化功能得到充分发挥。

不过侧睡也要注意婴儿的枕头不可太柔软，以免头部陷入枕头，堵塞鼻子。另外，长期朝同一个方向侧睡，可能会使头部及脸部左右形状大小不对称。

欧美国家及澳洲的学者研究指出，趴睡的婴儿发生"婴儿猝死症"的机会，要比仰睡的高出3.5—5倍。

婴儿猝死症指的是婴儿突然且无法预期的死亡，多发生在宝宝睡觉时，且以2—4个月大的小孩最容易发生婴儿猝死症。气温太高或天气冷时，孩子裹着厚重的棉被也易造成婴儿猝死。

不过，趴睡虽可能与婴儿猝死症候群有关联，却不是绝对的因素。

到底哪种睡姿最好，医学界目前没有给出唯一的标准答案。宝宝的睡姿可自行选择，不必固守于某一种，可视父母的喜好和宝宝的习惯或特殊需求来决定。不过请记住，宝宝睡觉时一定要有大人在旁看护，才能确保宝宝的安全。

训练宝宝使用杯子喝水

宝宝自己用杯子喝水，可以训练其手部肌肉，发展其手眼协调能力。但是，这阶段的宝宝大多不愿意使杯子，因为以前一直使用奶瓶，所以会抗拒用杯子喝奶、喝水。即使这样，父母仍然要适当地引导宝宝使用杯子。

有的孩子很小就开始用杯子喝水和奶了，但也有的宝宝到了两岁还习惯于抱着奶瓶喝水，其实，用杯子喝水也是因宝宝为异，有早有晚。但专家建议，当宝贝已经能够走路、讲话、自己动手吃饭了，那就是到了购买方便饮水杯的时候了。

为什么要急着让孩子使用水杯饮水呢？首先，婴儿长期频繁使用奶瓶有可能导致龋齿。据有关专家介绍，当牛奶、果汁以及其他饮料中的糖分与婴儿口腔中的细菌发生反应后，很容易形成腐蚀牙齿的酸质。而最危险的莫过于让婴儿含着奶瓶入睡了，因为这会使婴儿的牙齿完全浸泡在含有腐蚀牙釉质成分的液体中。而对于开始学步的宝贝，整日叼着奶瓶也同样容易出现龋齿。

其次，及早学会使用水杯，能促进身体发育，提高认知能力。除却健康因素外，及早学会使用水杯对1岁左右幼儿的身体发育以及认知能力的提高都能起到关键作用。经常含着奶瓶不仅妨碍了他的正常活动，而且还减少了他学语言的机会。

当然，让孩子割舍奶瓶的过程并不容易。据儿科专家介绍，当婴儿感到疲劳或精神紧张时，吮吸奶瓶能使他精神放松。对孩子来说，放弃使用奶瓶就意味着要学会在压力下生活，因为他无法通过奶瓶即刻得到身体和心灵上的安慰。为了帮助自己的宝贝摆脱对奶瓶的依赖，年轻的父母可以从以下步骤中获得启发：

及早开始

儿科医生建议，最好能在婴儿6个月大时就开始尝试让他用水杯饮水，这样可以给婴儿充足的时间以适应没有奶瓶的日子。（美国儿科研究院建议从婴儿1周岁开始，逐渐减少让他使用奶瓶的次数，最晚不要超过1岁半。）

开始，父母可以为孩子选用方便水杯——因为婴幼儿在用这种水杯的吸管喝水时，感觉很像是在吮吸奶瓶。如果小宝贝希望用你的水杯喝水，可以为他准备一只普通的塑料杯，让他在吃饭时练习。当然，你也得做好充分的心理准备，小家伙很可能会像洒水车一样把大部分水都泼在外面。

若干天或几周后，你就可以逐渐用普通水杯替换方便水杯了。这期间千万别让小家伙对方便水杯产生依赖。有调查表明，如果长期让宝贝用方便水杯饮用含糖分的饮料，其对幼儿牙齿造成的损害并不比奶瓶小。为避免此类情况的发生，最好只在用餐时间让孩子喝牛奶或果汁，其余时间喝白开水即可。

培养孩子用水杯喝水的习惯

育儿专家指出，用餐时如果孩子感到口渴，可以让他先用水杯喝水，然后再使用奶瓶。一旦小家伙习惯了新的喝水方式，你就可以让他完全脱离奶瓶了。午餐时间通常是改变小孩饮水习惯的最佳时机，孩子在这个时候一般比较活跃，有较强的独立性，过了中午孩子对奶瓶的依赖心理就会逐渐增强。最好不要选择在晚上临睡觉前纠正孩子的喝水习惯。

还有一个办法可以帮助孩子改变用奶瓶的习惯。如果在奶瓶中倒进白开水，而在水杯中放孩子喜爱喝的饮料，在这种情况下，即便是最固执的小孩也会选择水杯，而不是奶瓶。退一步说，如果孩子选择的是奶瓶，白开水也不会对他的牙齿造成任何损害。

充分利用孩子的好奇心理

当你的小宝贝索要他的奶瓶时，可以用玩具、游戏或零食来分散他的注意力。同时，如果父母在孩子面前用水杯喝水，就可以给他很好地做出示范，小宝贝也会一时兴起模仿大人的动作。

来一个奶瓶告别仪式

当孩子1岁半时，如果循序渐进的方法不能奏效，万般无奈之下，你就只有将所有奶瓶都丢掉了。当然，父母不妨试试这个小计谋：先表扬小宝贝已经长成了大小孩了，然后再向他解释，为了给比他更小的弟弟、妹妹喝水，收奶瓶的叔叔会把大小孩的奶瓶收集起来送给更需要它们的小弟弟和小妹妹。几天后，把奶瓶收集在一个塑料袋中放在门口，然后乘孩子不注意的时候把事先准备好的玩具放在门口，告诉孩子收奶瓶的叔叔用玩具把奶瓶换走了。如果孩子再要用奶瓶喝水，你就可以提醒他收奶瓶的叔叔已经把奶瓶收走了。开始小家伙可能会耍些小脾气，但不久之后便会习惯新的喝水方式了。

特殊时刻特殊对待

有时由于外部环境发生变化，比如你给他新换了一个保姆，孩子可能会不太高兴，如果在这个时候让他改变旧习惯恐怕不太容易。如果你尝试了一周后，小家伙仍旧固执地要自己的奶瓶，你也不必过分勉强他，不妨再纵容他一段时间。随后，你再试着让他使用水杯，同时多给他一些鼓励。相信用不了多久，你的小宝贝就能端着水杯与你庆祝胜利了。

养成临睡前的好习惯

通常，孩子在晚上临睡前会紧抓着自己的奶瓶不放，以下这些方法可以帮助小宝贝逐步改掉这个习惯——别让小宝贝饿肚子。临睡前给小家伙喂些零食，这样他们就不会靠喝奶瓶中的牛奶来填饱肚子了。帮助孩子养成新的习惯，首先帮助他断开睡觉和奶瓶之间的必然联系。如果他习惯于一边躺在床上听你讲故事，一边叼着奶瓶，你可以试试抱着他在沙发上讲故事。假如他坚持要在床上听故事，你就给他一个方便水杯。

逐步减少在奶瓶中放入的牛奶量。平均一周减少30毫升。你也可以在牛奶中掺一些白开水，这样孩子对奶瓶的兴趣就会慢慢减退。

🐻 训练宝宝爬

这个阶段的宝宝对爬的兴趣越来越浓，而父母也要抓紧这一时机训练宝宝爬行。爸爸妈妈训练宝宝爬的时候要把宝宝放在一块宽敞的地方，让宝宝俯卧。一个人拿着玩具在离宝宝大概四五十公分的地方逗引宝宝去抓玩具，另一个人在宝宝后面用双手掌抵住宝宝的小脚掌，左右手分别用力，促使宝宝向前爬。当宝宝够到玩具时，要让宝宝玩一会儿，并表扬宝宝，增强他的成就感。如果宝宝不愿意爬，就不要勉强宝宝了。

如果学爬时，宝宝的腹部不能离开床铺，你可以用一条毛巾放在他的腹下，然后提起毛巾，帮助他开始手膝爬行。等宝宝小腿肌肉结实后，就会渐渐变成手足爬行。练习爬行不但锻炼了四肢的耐力，而且能增强小脑的平衡与反应联系，这种联系对宝宝日后学习语言和阅读会有良好的影响。宝宝爬得好，别忘了要拥抱和亲吻他以资鼓励哦。

小宝宝能够自己活动身体了，这无疑是令家人高兴的事。但现在许多家长很重视宝宝的走、跑、跳等动作的发展，对宝宝是否会爬却不太重视。幼儿教育专家认为爬是宝宝的一项重要活动，对他的成长非常有益。首先爬需要抬高并左右转动头部，有利于锻炼颈部肌肉；其次，爬需要胳膊及手腕的力量支撑整个上半身，因此，有利于锻炼胳膊及腕的力量，对今后用笔涂鸦、用勺子吃饭都有好处；第三，爬行时，需要上肢及下肢的共同参与，并要保持动作的协调一致，有利于锻炼宝宝的协调能力，使宝宝学会走路后，不易跌跤，增强动作的灵活性。爬还有益于宝宝的骨骼及神经器官的发展，当宝宝动作明显不协调时，能及早发现宝宝的健康问题。因此，家人在宝宝的成长过程中，要有意识地锻炼宝宝爬行。

宝宝到了七八个月大的时候，应该把他大胆地放在地上，让宝宝第一次体会从A点主动运动到B点的感觉。这是他人生的一个里程碑，即使他的第一次爬行只运动了几十厘米，那他也爬过了从"植物王国"到"动物王国"的界限。

有些家长说，我家宝宝都3岁了，他没爬过，那怎么办？专家说，那就需要采取补救措施，补上爬行这一课。这对于剖腹产、出生后发生窒息以及脑损伤的宝宝尤其重要（脑损伤的宝宝的训练必须在专业人士的指导下进行）。

爬行"理论"

每个动作在大脑中都有相应的投射区，不同姿势的爬行是锻炼大脑的不同部位：

腹爬（肚子紧贴地面蠕行）——锻炼桥脑部位的功能；

跪爬（膝盖跪在地上爬）——锻炼中脑部位的功能；

腹爬是跪爬的基础，也是今后学习走路、跑跳的基础。

刚开始爬的时候宝宝的动作肯定不标准，不是交替式的。没有关系，给他机会，让他多练习。等到他可以交替式的腹爬了，他就有了一个"交通工具"，可以四处爬。随着宝宝脑的发育，会逐渐克服重力跪起来，可以跪爬了。这时宝宝就有了一个更快的"交通工具"，他可以到处探索了。家长就更应该让他爬了，不要阻止他。给宝宝创造更多的机会爬行，大脑的相应部位得到锻炼，宝宝会变得更聪明。

爬行关键期

民间有句顺口溜：三翻、六坐、八爬爬。这话是很有道理的。当宝宝8个月左右时，他的生理条件已经具备了爬的能力，因此就可以教宝宝学爬了。太早学爬对宝宝并无好处。如果太晚，宝宝已经会走，就会对爬失去兴致。

爬行方法

腹爬训练：腹爬是爬行的基础，是宝宝们一定要学会的。

准备姿势：趴在地上，肚皮着地，头自然抬起，屈肘、腿伸直。

方法：爬行时右手对左腿，左手对右腿，右手上，则左腿上（右手向上伸直，左腿向上屈，头向左，用右肘及左膝的力量向前爬，直到左膝伸直），反之亦然。

要点：爬行时腹部不能离开地面，屁股不能翘起来。要呈交替式，即右手上时左腿弯曲蹬地，左手上时右腿弯曲蹬地。

跪爬训练

有些宝宝不用家长帮忙，自然而然就学会爬了，而有些宝宝则需要家长帮助，才对爬产生兴趣。对于需要家长帮助的宝宝，家长要充满耐心和信心，积极地参与到宝宝的活动中来。正确的爬行动作：腹部抬高，四肢着地，手脚步交替向前。

在最初的锻炼阶段，宝宝掌握不好方法，可能还在腹爬，或者只是双腿用力一蹬，往上蹿，这都没有太大问题，只要宝宝渐渐熟练，就能掌握要领，很快学会。

1、选择一个宽敞的地方作为宝宝的小小游乐区，将宝宝趴着放在地面上，在宝宝面前150公分左右的地方放一个色彩鲜艳的玩具。玩具能够吸引宝宝的注意力，为得到玩具促使宝宝向前移动身体。当宝宝够到玩具时，要让宝宝玩一会儿，并表扬宝宝，增强他的成就感。

2、家长拿着一件有趣的玩具蹲在宝宝前面四五十公分的地方，对宝宝说："宝宝你看，这个小鸭子会叫。"吸引宝宝，宝宝向你爬来时，要一点点向后退，逗引宝宝向前爬得更多。当然不能总是逗引，而宝宝得不到玩具，让宝宝失去获得的欲望。如果宝宝不爬，家长可以站在宝宝身后，用双手手掌抵住宝宝的小脚掌，左右手分别用力，促使宝宝向前爬。

3、如果宝宝情绪不好，不愿爬时，可先暂时放弃这项活动，等宝宝情绪好转时再玩。

4、如果宝宝自始至终都不愿爬，或者宝宝没有经历爬的过程就会走了，对于这样的宝宝，补救的措施是让他参加其他活动，比如玩游戏场的海洋球池、钻滚桶等，训练宝宝的协调能力。

爱心提示

1、由于地球的引力，小宝宝可能只会趴着一动不动，这时可以让宝宝从斜坡上爬下来，就容易多了。

2、如果宝宝已经两三岁了，就有了很强的自我意识，再让他爬，他会反抗。因此想让孩子爬，大人仅仅站在一边督促是不够的，还要陪着爬，一来便于孩子通过模仿来学习，二来带动孩子一起爬的兴致。

3、宝宝爬的时候，可以放些好听的音乐，妈妈也可以和宝宝聊天、讲故事，让他感觉爬是一件很轻松、快乐的事。

4、可以用其他游戏增加爬的乐趣，比如，早晨起来时，妈妈让宝宝从被子的这头爬到另一头；让宝宝从扁的包装箱中爬过去等等。

5、每次爬的距离和时间不要太长，一般20米左右即可。

6、爬也是很累人的运动，宝宝爬完后让他喝些水，补充一下体力，如果衣服湿了要及时更换。

7、智力正常的宝宝通过家长的指导，学一学补一补就可以了，而存在脑损伤的宝宝，通常学不会腹爬，对这样的宝宝家长就要多注意，观察宝宝有没有其他智力或动作障碍，必要时带宝宝看医生。

8、有的宝宝长期一侧身体无力，需要另一条腿拖着向前移，并伴有其他动作发展迟缓时，家长要小心，最好去医院做个检查，排除神经系统发育障碍。

😊 宝宝家居安全

对儿童来说，家应该是最安全的地方。然而，如果父母们没有注意家中各种设施的安全，家，常常也隐藏了最大的危机。作为父母，我们常常把更多的关注放在宝宝的饮食、疾病和发育上，却未必知道这样一个令人触目惊心的权威论断：意外伤害已经超过其他疾病，成为儿童健康的头号"杀手"。

在此，我们也父母们列出一些家庭中可能存在的安全隐患，但是要想彻底消除意外事故的发生，还需要父母站在宝宝的视觉高度细心观察环境，从而给宝宝一个安全的生活空间。

1、床上不要放置衣物或其他的东西，避免婴儿窒息。

2、安全取暖，避免烫伤。

3、藏好尖锐利器。

4、收妥细小物品和易碎物品。

5、提防容易烫伤的物品。

6、当心电源电线和家具的锐角。

二、和妈妈有关的话题

😊 如何喂养

● 第一周

七个多月的宝宝大多都已出牙了，这时给宝宝吃软面包或者脆饼干，就可以训练他的咀嚼能力。除此之外，维生素A、D、C是构成牙釉质、促进牙齿钙化、增强牙齿骨质密度的重要物质；蛋白质、钙、磷是牙齿的基础材料。在出牙期间，乳类、排骨汤、菜汁、果汁是不可缺少的辅助食物。妈妈们不要把买的钙补品当成多大宝贝，食物中的营养不比一天几元钱的钙水差，如每一百克芝麻酱的钙含量高达1170毫克。宝宝最适合通过食物补钙。

这时妈妈可以把苹果、梨、水蜜桃等水果切成薄片，让宝宝拿着吃。香蕉、葡萄、橘子可整个让宝宝拿着吃。但果冻等最好不要给孩子吃，以防吸入气管或噎住造成危险。

● 第二周

从宝宝8个月起，配方奶喂养的宝宝吃奶次数可减少到每天三次，时间一般为上午10时，下午2时和6时。如果是母乳喂养，次数也可以酌情减少到每天3—5次。此时由于宝宝的胃液已经可以充分发挥消化蛋白质的作用，因此可多添加些蛋白质类辅食，如豆腐、鱼、瘦肉末、奶制品等。

这时有的宝宝甚至开始尝试自己动手吃饭，虽然他可能会把饭弄的到处都是，但不要因为这个而放弃训练宝宝的能力。可选择一个漂亮的小围嘴或罩衣，这样可以很快培养宝宝对食物的兴趣。

● 第三周

婴幼儿喂养要讲求一个度。有的妈妈希望宝宝吃得越多越好，认为只有吃得多营养才会好，才会更聪明。其实吃的太多会造成婴儿肥胖，婴幼儿时期肥胖是成年肥胖的重要原因。肥胖不仅会使宝宝动作笨拙，限制了活动量，更会加重身体及脏器的负担，神经系统发育也会受到影响。吃得过量还会引起小儿积食，从而引起发烧等各种相关疾病。

另外，当宝贝吃得少时妈妈也用不着太焦急，确实不想吃时少吃一些不会影响生长发育。倒不如让他们休息一下肠胃，等真正饿了宝宝便会主动吃东西的。

第四周

有的妈妈担心宝宝营养摄入不全面，购买了很多"营养素"给宝宝。其实，除非经诊断需要特别补充营养元素外，从食物中摄取的微量元素是最有效最安全的方式。除了母乳与配方奶中的微量元素，辅食的种类多样是重要保证。

虾皮、芝麻酱中钙的含量中最高，但给宝宝虾皮时要注意不要卡到嗓子，小宝宝尽量少吃。锌的含量以牡蛎最高，瘦肉、猪肝、鱼类、蛋黄等含量较多。

给孩子补铁的最佳选择是深海鱼，其次是肉和蛋。因此，给婴幼儿添加的食物，最好肉、菜、豆类都有，才能营养均衡。

为宝宝做些什么？

第一周

•宝宝现在可以用杯子喝东西了，给宝宝准备个漂亮的杯子会更能引起宝宝使用的兴趣。

•为宝宝开辟一块安全的大空间，任由宝宝练习爬行。

•保证宝宝每天的午睡，尽量不要破坏宝宝的作息。

第二周

•现在可以试着给宝宝一些指令，如告诉宝宝妈妈的头发不能拽、遥控器不是玩具等。

•宝宝的脾气可能会比较暴躁，是因为宝宝还处在出牙期，妈妈一定要有耐心哦。

•户外活动依然很重要，最好保证每天有两个小时以上室外，可以分次进行。

● 第三周

•不要总是抱着宝宝，这样会限制他的活动。也不要轻易打扰他的活动，要给宝宝提供自己锻炼的机会。这样他的能力才会日新月异地迅速发展。

•已经长出了小牙牙的宝宝喜欢咬奶嘴，要随时检查奶嘴是否被宝宝咬坏。

● 第四周

•宝宝的肚子比较容易着凉，即使在夏天，当宝宝睡觉时，也要给宝宝盖上层一薄薄的毛巾被，避免着凉。若是宝宝穿睡衣睡觉，需特别注意裤腰带的松紧，不要过紧或过松。

•宝宝流口水可能加重了，这可能是和宝宝出牙有关，也可能是因为添加辅食后，孩子的唾液腺分泌增加。所以父母不用担心，更不用带着宝宝到医院看医生。

🙂 妈妈常见的问题

你给宝宝补钙和维生素D了吗？

按照儿童保健常规，母乳喂养、人工喂养和混合喂养的新生儿，特别是早产儿和低出生体重儿，均应在出生后15天起补充鱼肝油和钙粉。鱼肝油可选用维生素A与维生素D比例为3：1的滴剂，每日5滴，相当于补充维生素A1500国际单位，维生素D500国际单位。钙粉种类很多，一般应注意每日实际补充的钙元素达到200毫克左右即可，含糖过多的钙制剂对小宝宝是不适宜的。建议在医生的指导下给宝宝补充钙和维生素D。

如何教宝宝学爬？

如果学爬时，宝宝的腹部不能离开床铺，你可以用一条毛巾放在他的腹下，然后提起毛巾，帮助他开始手膝爬行。等宝宝小腿肌肉结实后，就会渐渐变成手足爬行。练习爬行不但锻炼了四肢的耐力，而且能增强小脑的平衡与反应联系，这种联系对宝宝日后学习语言和阅读会有良好的影响。宝宝爬得好，别忘了要拥抱和亲吻他以资鼓励哦。

宝宝经常放屁是病吗？

提起小儿放屁，许多人不以为然。其实，留意小儿放屁，对做好孩子的饮食调理和保健有重要意义。如果孩子每天偶尔放几个屁，属正常现象，可能为吃奶时吸入空气所致。异常情况如下：

臭屁：放屁或呃逆不断，并有酸臭味儿，是孩子消化不良的表现。如为母乳喂养，母亲饮食应避免过于油腻；如果是代乳品喂养，应减少奶量，加喂开水；如果已添加辅助食品，应减少食量，尤其应减少脂肪和高蛋白食物的摄入。

空屁：断断续续不停地放屁，但无臭味，多是胃肠排空后，因饥饿引起的肠蠕动加重造成。此时还常常可听到阵阵肠鸣音，提示孩子饿了。

无屁：若婴儿吵闹不安或出现腹部阵痛，且始终不放屁，也无大便，切不可掉以轻心，孩子可能有肠梗阻，应及时转外科。

宝宝拉绿便是什么原因？

小婴儿粪便的颜色与胆汁的化学变化有关。母乳喂养儿的正常粪便，可因氧化性细菌作用将胆红素变为胆绿素，所以偶尔出现绿色大便是正常的，如果长期绿便可能是消化不良。牛奶喂养儿如果排出绿便，表示肠道的蠕动加速，或肠道有炎症，可能是腹泻的象征。另外，喂养过剩，食物难以消化完全，就随着肠道蠕动排出，里面含有小肠的消化液，也可能呈现出绿色。

宝宝受惊后拉绿便，这种情况是可能的。

因为小婴儿神经系统发育不够完善，神经反射易泛化，胆红素代谢不全面，肠道运动功能的调节常常不够稳定，使得迷走神经兴奋性占优势，引起肠蠕动增强甚至痉挛，使得未消化吸收的肠内物质排出。特别是6个月以内的小儿，因为惊吓还会出现应急性腹泻。

还有一种可能是宝宝受惊吓后哭闹，而这时妈妈习惯喂奶以示安慰，导致胃肠道功能紊乱，消化不良产生绿便。

宝宝受惊吓后，家长要轻轻搂抱、慢慢走动，使之安静；适当减少喂养次数或量；尽量母乳喂养；可服益生菌调理；补充白开水；保证吃奶规律；每天一次腹部按摩；注意经常更换尿布。

需要注意，当宝宝拉了绿便，妈妈不要轻易确定为受了惊吓，要认真分析原因。小宝宝病情变化快，应谨慎对待。如果大便次数和性状改变时间较长，应立即带宝宝去医院就诊。

怎样训练宝宝自己坐盆大便？

训练宝宝顺利的自己坐盆大便，可与半岁前把大便的时间相同，以下几点秘诀你可要掌握：

1、开始时要向宝宝介绍便盆，告诉他这是做什么用的，可以让他学习带着尿布坐在上面。

2、帮助宝宝使用便盆。可替宝宝脱去裤子，帮他坐到便盆上，开始要在旁边扶住他，让他安心坐5分钟，如没有大小便就让他起身去玩。

3、一旦宝宝在便盆中大小便，每次都要表扬他，并帮他擦干净屁股，穿好裤子，不让他看到排泄物，迅速倒掉并洗净便盆，然后大人及时洗手。这样宝宝很快就会明白便盆是做什么用的，并为自己学会新的技巧感到自豪。

注意每次坐盆时间不可太长，否则会引起脱肛；不能让宝宝单独坐在便盆上大人走开去做别的事，以免造成意外。

170

三、和宝宝有关的话题

宝宝成长指标

● 第一周

7个月宝宝体重、身高参考值：

- 男婴体重6.9—10.7kg，身长66.2—75.0cm；
- 女婴体重6.3—10.2kg，身长64.0—73.5cm。

生理发展：

- 会用手及膝将身体推起来，前后摇动。

感官与反射：

- 会两手同时握一件东西。
- 会用手指抓东西。

心智发展：

- 了解东西被藏起来时并不会消失。
- 会模仿不同的声音与发出一连串的声音。
- 一天到晚咿咿呀呀呀个不停。

社会发展：

- 反抗自己做不喜欢做的事。
- 喜爱爸爸妈妈。

● 第二周

生理发展：

- 翻身已经相当灵活了。
- 有了爬的愿望和动作。

感官与反射：

- 会将东西用力敲打在一起。
- 会拍手和挥手。
- 会用手拿东西，且操纵一样物品，同时看着另一件。

心智发展：

- 喜欢和妈妈做游戏。
- 会寻找掉落的物品。

社会发展：

- 会叫喊引人注意。
- 会拍打、微笑并试着亲吻镜中的影像。

● 第三周

生理发展：

- 即使没有有物体来支撑自己的身体也可能会坐的很好。

感官与反射：

- 会分辨气味。
- 会用眼睛追随快速移动的物品。

心智发展：

- 开始了解一个和多个之间的差异。
- 将行为的已知部分和新的行为结合起来。

社会发展：

- 将不喜欢的东西推开。
- 藉由看和听来模仿人及行为。

第四周

生理发展：

- 靠着东西时，可放开双手站立。

心智发展：

- 能回想过去的事件。
- 能解决简单的问题，如通过拉扯来拿到东西。

感官与反射：

- 有强烈的运动欲望。

社会发展：

- 可能会试着利用父母获得东西。
- 模仿他人嘴巴与下颚的动作。

营养食谱

第一周

土豆酸奶沙拉

原料：土豆半个、胡萝卜1/4个、酸奶3大匙。

做法：1、将土豆去皮后切成3mm长的块，并煮熟。

2、将胡萝卜煮烂，并用擦菜板擦好后与酸奶拌在一起。

3、将胡萝卜和酸奶泼在土豆上。

● 第二周

南瓜拌饭

原料：南瓜、米、白菜叶、盐极少量。

做法：1、南瓜去皮后，取一小片切成碎粒。

2、米加水泡后，放在电饭煲内，待水沸后，加入南瓜粒、白菜叶煮至米、瓜熟烂。加调味即成。

功效：南瓜有驱除蛔虫、绦虫之功效。

● 第三周

豆腐蛋黄泥

原料：豆腐100克、鸡蛋1个。

做法：1、豆腐放沸水中焯过，研成泥；鸡蛋煮熟后取蛋黄研成泥。

2、将豆腐泥和蛋黄泥混合在碗里，加入适量盐、葱末搅拌均匀即可。

● 第四周

白玉草莓羹

原料：40克婴儿米粉、150毫升温奶、1勺煮熟捣烂的豆腐、15克草莓酱。

做法：1、把温奶倒入婴儿米粉中，边加边搅拌。

2、加入豆腐搅拌，将草莓酱浇汁后食用。

宝宝常见的问题

给宝宝添加辅食应遵循哪些原则呢？

1、一般来说，辅食添加应遵循以下原则：从少量到适量原则。第一次固体食品添加的量要少一些，大约1—2勺。以后根据婴儿的需要而缓慢增加。注意，不应硬性规定婴儿吃完每次准备好的食物，包括配方乳、半流质、泥糊状或固体食物。不同婴儿对热量需要相差很大，父母不要将自己孩子的食量与其他婴儿相比，只要婴儿的生长发育指标在正常范围内，就可以认为所添加的辅食量是合适的。

2、从一种到多种原则。添加从未吃过的新食品时，必须先试一种，待宝宝习惯后再试另一种。添加另一种新的固体食品时应有3—5天间隔。不同的婴儿接受新食物的时间有差异，短的只要一两天，长的需要五六天，因此，必须要有耐心，让宝宝对新食物有多次的接触，以便宝宝学习进食方法，并适应新的口味。有时宝宝会吃吃吐吐，千万不要误以会宝宝对该食品不接受，若坚持下去，这种情况可能就会消失。宝宝有时接受一个新食品可能要8—10次。在试喂时要了解宝宝是否对新食物过敏，过敏时要停止喂食在宝宝已经习惯了不同的食物后，可以从宝宝已吃过的食物中挑选几种食物有机组合，完成由添加单一食品到混合食品的过渡。

3、由稀到干、由细到粗原则。宝宝的咀嚼能力是逐渐完善的，因此辅食的质地应适合宝宝的咀嚼能力。一般来说，应从较稀的流质食物开始，逐渐过渡到较稠的流质、半流质、泥糊状，最后到固体食物。例如从米汤、薄粥、厚粥，最后到软饭。食物性质从细到粗，先喂菜汤、细菜泥，以后逐渐地试喂粗菜泥、碎菜和煮烂的蔬菜。在婴儿6—8月的时候，父母应为其开始添加可咀嚼食物，如饼干、馒头或烤面包等，以帮助婴儿锻炼牙床及颌关节。

4、口味偏淡原则。4个月以内的婴儿，由于肾脏功能尚不完善，不宜吃盐。因此，在菜泥、果泥、蛋黄、肝末及碎肉等自制辅食中，应不加盐。在8、9月龄时婴儿开始吃菜粥或烂面条再考虑加少许盐，以能尝到一点咸味为度。此外在添加顺序上，应先添加蔬菜，后添加水果，因为先尝到水果甜味的婴儿，有可能会拒绝蔬菜。

5、身体健康时添加原则。当婴儿消化不良或者生病时，应暂停添加辅食，待婴儿身体恢复健康后再添加。这是因为婴儿生病时，消化力减弱，此时添加新的辅食易导致消化功能紊乱。应在婴儿安静愉快的时候添加新食品，紧张的气氛会使婴儿拒绝新食物和进食体验。添加食物一定要讲究卫生，原料要新鲜，现做现吃，吃剩的食物不要再给婴儿吃。婴儿餐具要固定专用，除认真洗刷外，还要每日消毒。

隔夜辅食可以再喂宝宝吗？

婴幼儿吃的食物一般都是母乳加辅食，在门诊中发现，大部分婴幼儿腹泻都是因为爸妈给孩子喂了隔夜的"辅食剩饭"，如瘦肉泥、米粥、鱼泥等。特别是入夏后气温较高，食物易变质腐烂，抵抗力弱的婴幼儿吃了隔夜的"辅食剩饭"，很容易出现拉肚子、腹痛、乏力、食欲低下等不良反应，严重的还会脱水、中毒。所以，家长们一定要预防孩子腹泻。

1、不要吃隔夜饭：吃不完的辅食应该倒掉，不要留到第二天再喂宝宝。

2、对于婴幼儿，尤其是出生后的第一个夏季最重要，应避免夏季断奶。人工喂养时，应注意饮食卫生和水源清洁。无论母乳喂养还是人工喂养都应适时添加辅食，添加过程应循序渐进，不要几种辅食同时添加。

3、合理安排饮食，注意均衡膳食营养。夏季食物应以清淡为主，给宝宝多吃点蔬菜泥、水果汁等。

4、家里养有宠物的家庭，一定要搞好宠物的卫生，同时不要一边给宝宝喂食物，一边喂宠物。

5、注意居室通风，保持空气新鲜。避免带孩子去人多的场所，以免感染。父母可以带宝宝到空气清新的公园多走走，适当的运动可以增强孩子抵抗力。

6、得了腹泻应及时到医院治疗，同时避免维生素缺乏等并发症。注意不要饮用乳制品，因为乳制品会进一步加重腹泻。要尽量让孩子吃一些容易消化的食物，如粥、面片等流体食物。

宝宝哭了该不该抱？

宝宝哭了，该不该抱一下？似乎，上一代人与年轻的一代有不同的说法。但就宝宝的情绪发展来说，哭，是因为宝宝有需求；如果我们不去满足这些需求，对宝宝是不是很残忍？

处理宝宝的负面情绪、生气或是索求，方法有很多。最简单的，爸爸妈妈一句问候、一个鼓励的眼神，都是停止宝宝眼泪的良方，因为宝宝要的只是你的安全保证。大多数情况下，安抚仍旧是需要的；你可以用自己的方式，不一定给他东西或是抱他，但是可以用轻松的拍抚、轻声的安慰，握他的手等方法直到他哭完。大一点的孩子可以让他隔离、独处几分钟，或是离开他一会儿，有时可以用转移注意力的方法，先将宝宝的焦点换到其他有趣、引起他好奇的事物上。

其中的重点是，这时的宝宝已经开始从你对待他的行为中学习如何与人应对、学习如何处理自己的不满或是生气情绪。你要让宝宝懂得的是，表达有很多方式，不一定最强烈的就最有效；他哭的时候，你可以先让他知道，爸妈确实想要知道你哪里不舒服或是你想要什么，但是一直哭，是没办法把意思表达清楚的。

最怕的是你自己先失去控制，对宝宝大呼小叫、又打又骂，这样一来，宝宝可能会被吓到，有时他还不能分清楚究竟是什么原因引起爸妈的震怒，这将对他的自我认同产生负面影响。

宝宝哭了，要不要抱他呢？这恐怕还是要依靠你的观察、了解与智慧了。把握一个中心就是：别忘了给宝宝关注和信心。

宝宝过早地萌出乳牙怎么回事？

婴儿一般到6个月前后开始出牙，但也有的婴儿出生时口腔内就有乳牙长出，称为"诞生牙"；还有的在新生儿期就长出乳牙，称为"新生牙"；这些超出正常乳牙萌出平均年龄的乳牙，在医学上称为乳牙早萌。新生牙最常见的是下颌中切牙(位于下颌中部，形如铲状的门牙)，过早萌出的乳牙极易影响婴儿吸吮乳汁，并可造成母亲的乳头被咬伤而发生感染，或由于吸吮时牙与舌头相互摩擦而造成婴儿舌头的下面溃疡。

对于没有牙根或牙根发育不好且牙齿松动明显的早萌乳牙，为防止脱落到婴儿气管，应当拔除，拔除后一般不影响恒牙的萌出。对于松动不明显，无严重的不良影响的早萌乳牙可保留，如婴儿舌头或母亲乳头被牙损伤明显，可暂停哺乳，或改为汤匙喂乳。舌部溃疡处可涂布龙胆紫，几天后即可自行愈合。

宝宝日夜颠倒怎么办？

婴儿每天大部分的时间都是在睡眠中度过的，但有些宝宝总是白天睡得多，一到晚上就一点睡意都没有。这让父母非常头疼，日夜颠倒不仅让父母休息不好，第二天精神不济，而且也影响宝宝的生长。宝宝身高除了与遗传、营养、锻炼诸因素有关外，还与生长激素的分泌有重要关系。生长激素分泌过少，极有可能造成身材矮小。而生长激素的分泌有其特定的节律，一般在22时至凌晨1时为分泌的高峰期。如果睡得太晚，对于正在长身体的宝宝来说，很有可能会影响到身高。

面对这样的宝宝，妈妈首先不要着急，要想办法尽量延长宝宝在白天兴奋的时间，培养宝宝良好的睡眠规律。以下是我们给妈妈的一些小建议：

1、下午五六点钟后，不要让宝宝睡觉。当宝宝午觉醒来时，一定逗引他多玩一会儿。

2、白天的时候，房间里的光线要尽量明亮一些。保持房间里面一直有声音，可以播放一些轻柔的音乐。

3、给宝宝固定的睡眠暗示，每次睡眠前都做相同的事情，做完就让宝宝睡在床上。例如：先给宝宝洗一个热水澡，然后给他喂奶、换尿布。每天坚持这么做，以后每次做这些事情的时候就会有一个暗示传递给宝宝：我该睡觉啦。

🐻 亲子互动游戏

🔵 第一周

每个孩子都喜欢玩水，妈妈们或许不知道，其实玩水可以提高宝宝很多种本领呢。本周可以给宝宝准备装水的瓶子若干，最好是可以挤压的塑料瓶，小滴管也是不错的选择。在宝宝洗澡的时候，可以把这些瓶瓶罐罐都放在宝宝的浴缸里，好玩的游戏即将上演了。可以用瓶子装水，然后哗哗哗的倒出来，水花四溅，你的宝宝会开心得不得了。可以教宝宝用滴管吸水，然后挤到瓶子里面去，宝宝不能完成两个手指捏的动作，他会用握起小拳头的办法完成这样的动作。这个玩水游戏可以培养宝宝捏、挤、倒水等动作，宝宝的本领越来越强了吧。

🔵 第二周

渐渐地，你的厨房将会是宝宝最喜欢的游戏场所之一，因为里面有各种有趣的抽屉和橱柜可以满足孩子的探索欲望。所以，如果家里的厨房空间够大的话，要把危险的物品收藏起来，然后留出一个较低的橱柜不，找一些塑料的餐具，或者是孩子平时不常用的饭碗、碟子、勺、杯子等等放在里面.家长可以和宝宝一起玩和整理这个橱柜，很多知识也是需要宝宝有独立的空间去钻研和探索的。

● 第三周

游戏《小小音乐家》，可以满足宝宝通过敲打探索声音的欲望。准备两个铁的或者是塑料的碟子和勺子，把碟子翻过来放好，教宝宝握着勺子去敲碟子，听到发出的声音，宝宝会很有兴趣。这时家长不妨播放一些好听的儿童音乐，同时和宝宝一起演奏乐器。要注意的是，家长敲奏乐器的时候，节奏一定要是对的。这样宝宝听得多了，自然也有了节奏感。

● 第四周

敲击游戏可以帮助宝宝感受敲击的动作和声音之间的关系，也可锻炼宝宝手臂的力量。妈妈将装积木的筐放在宝宝面前，让他从中取出一块积木递给你。你接过积木之后，让宝宝再拿出一块，再接过来。反复二三次后，你用双手敲击2块积木，给宝宝做个示范，鼓励他敲击手里的积木。这个游戏可以满足此阶段宝宝喜欢传递物品的愿望，有利于精细动作的发展。

宝宝本月成长记录

体重	
身高	
头围	
囟门	
牙齿	
饮食	
活动	
大便	
睡眠	
其他情况	

第十章 宝宝8个月

满8个月的宝宝，运动能力更强了，显得更加活跃，醒着时一刻也不停息地运动。如果把一幅爸爸妈妈的照片给宝宝看，他会认出上照片上的爸爸妈妈，高兴地拍手，而看到别人的照片则反应比较平淡。

宝宝不需要倚靠任何物体，就能很稳当的坐比较长的时间，可以坐着转向90度。开始会向前爬，但四肢运动还不协调。肚子开始离开床面，但有时仍会用肚子匍匐前进。你的宝宝也许能够拉着家具，让自己站立起来了。事实上，如果让你的宝宝靠沙发站着，他也许已经能够支撑自己了，尽管他可能是因为十分害怕摔倒才站住的。精细动作方面，宝宝坐着时，能够用两手玩弄手里的东西，能自由放下或拿起物品，两手能互递物品，可以用大拇指和食指捡起小东西。

过去，也许你的宝宝对身边的小朋友没有多大的兴趣，从现在开始，宝宝可能开始喜欢小朋友了，看到小朋友开始高兴得小脚乱蹬，去抓小朋友的头或脸。宝宝喜欢看电视上的广告，能盯着广告片看上几分钟。宝宝像个小外交家，喜欢让人抱，但也有些宝宝更加认生了。

宝宝扶着床头的栏杆可以站起，但还不会自己向前迈步。到这个月底时，有的宝宝可以离开搀扶物，独自站上几秒钟。很多宝宝还不会有意识地叫妈妈，但是会模仿妈妈的简单发音。宝宝对小东西非常感兴趣，他能把纸撕碎，并放在嘴里吃。

宝宝看的能力进一步增强，对看到的东西有记忆能力，不但能认识父母的长相，还能认识父母的身体和父母穿的衣服。宝宝对外界事物能够有目的地去看了，不再是泛泛地有什么看什么，而是有选择地看他喜欢看的东西，如在路上奔驰的汽车、玩耍中的儿童。

宝宝虽然还不会用语言表达意思，但是有些宝宝可以发出比较清晰的

"妈、爸、拜"等单音，还能不断发出不清晰的"妈妈、爸爸、奶奶、打打、布布"等复音。宝宝对于"坐"及其相关技巧越来越熟练。他可以从躺着变成坐姿，也可以轻易地向前倾身、从俯卧改为坐立。宝宝现在可能会到处爬动了，他可以一边爬一边转身及改变方向，甚至可一边爬一边手上拿着玩具。

有时，你可能有些担忧，宝宝的能力没有进步，而且好像还有些倒退呢？原来扶着栏杆站的好好的，可现在一站起来就摔倒。其实，这并不是能力倒退，而是宝宝在增长新的能力。因为宝宝已经不再满足扶着东西走路了，他开始有向前走的愿望，可宝宝还不会自己向前迈步，当他试图迈步时就会摔倒，所以家长会误认为宝宝的能力倒退了。

现在宝宝爬行起来更加自如，动作也更加协调。宝宝会喜欢多项活动，跳舞、拆东西、藏猫猫。坐在妈妈的怀里听妈妈讲故事应该是他最高兴的事情了。宝宝的听力更准确了，听到声音，他会兴致勃勃地审视整个房间，寻找声音的来源。

一、本月特别关注

😊 为宝宝选玩具

我们都知道智慧来源于指尖，这正所谓心灵手巧，而通过让孩子玩玩具就可以达到这样的目的。玩具是宝宝人生的第一部"教科书"，是宝宝认识世界的一个重要途径，宝宝对事物、对人的认识就是在玩玩具的过程中逐渐形成的。

孩子在玩玩具的过程中是一种动脑筋、动手的训练，能促使孩子发挥他们的想象力和思维能力。同时，在摆弄玩具的同时，手指得到了充分的锻炼，其益智原理与音乐疗法、书画疗法等相同。

目前市场上比较有效的益智玩具大约有250多种，如积木类、拼图类、插图类、声光类、电子类以及综合各种原理的综合性玩具。父母选择玩具时，应到商场的专柜购买玩具，并检查玩具是否通过安全合格检测。应注意看一下玩具有没有小部件，以防宝宝因吞咽而窒息。最好选用没有尖锐边缘的玩具，以防划伤宝宝的皮肤。

三岁之前的宝宝还不能自己挑选玩具，买什么样的玩具多是由父母做主。父母只能凭自己的感觉、喜好为宝宝挑选玩具，而宝宝是否喜爱，只有让他玩了才能看出效果。所以，在购买玩具时，父母要知道一件适合宝宝的玩具都应该具备一定的功能，要么能够刺激孩子的思维，要么能够开发孩子的潜能，要么能够培养孩子的动手能力。注意最好挑选有多种玩法的玩具，能适合孩子不同阶段的发展。

对父母来说，了解玩具的种类和它们的教育功能十分重要，玩具根据其功能，可分为以下几类：

社会性玩具

社会性玩具是指让孩子通过模仿，装扮，表演去认识自己，认识周围环境和成人世界的玩具。这些玩具都有一定的主题，也是一种主题形象玩具。

1、娃娃及其他人物，动物的形象玩具。幼小孩子有爱与被爱的需求，他们从小就需求1—2件这类柔软，抱起来感觉很舒服的又有主题形象的玩具，作为他们倾诉的对象，情感的象征，想象的媒介。

2、"娃娃家"角色扮演的道具。如娃娃家具，餐具，用具。

3、社会机构扮演玩具。这是些跨越家庭生活主题，认识自己身边环境，吸收其他生活经验的玩具，如玩学校、商店、消防队，医院、超级市场等。

4、劳动玩具。一些反映成人劳动的玩具。如老虎钳、螺丝、起子、洗衣机、吸尘器等劳动玩具。

认识性玩具

指发展孩子智力，启迪孩子智慧，提高认识能力，丰富知识经验的玩具。这是目前家长们特别喜欢买的玩具。

1、数与量的玩具。如计算器、计算棋、秤与天平等。

2、接龙玩具，牌与扑克。如水果接龙，数字牌等。

3、拼图玩具。如数字拼图、动物拼图、六面拼图等。

4、操作性玩具。如敲打玩具、结构玩具、穿编、活动玩具等。

活动性玩具（体育玩具）

活动性玩具指使身体灵活的动作性玩具，这类玩具特征在于强调身体大肌肉的活动，即运用颈部，躯干、手臂、腿部等大肌肉及各部分协调能力，通过走、跑、跳、爬、攀、平衡、投掷等等方法来玩的玩具。

由于城市缺少自然的生活空间及运动机会少，动作发展的玩具对于现代孩子甚为重要，孩子们可以在玩耍中锻炼身体，促进健康。

1、爬行玩具。如攀登架等。

2、摇晃玩具。如木马、转椅、跷跷板等。

3、车辆玩具。如自行车，手推小车。

4、丢抛玩具。如降落伞、飞碟等。

5、大型与小型运动器械玩具。如滑梯、秋千、荡船等。

6、球类玩具。如皮球、小足球、羽毛球等。

7、奔跑跳跃玩具。如拖拉玩具，羊角球、绳等。

● 观察、探索的科学性玩具

科学性玩具指让幼儿观察、操作、探索各种具有物理、化学等自然界现象的玩具。它能发展孩子的好奇心、求知欲，引导幼儿从游戏中获得科学操作经验，养成观察、分析的习惯和实事求是的原则，帮助幼儿获得日常生活有关的知识和经验。

1、玩沙、水玩具。

2、镜面玩具。如平面镜、凹凸镜，万花筒等。

3、平衡重心玩具。如不倒翁、陀螺等。

4、磁性玩具。

5、风动玩具。如风筝、风车等。

6、齿轮玩具。如机动玩具。

● 听、说、阅读的语言类玩具

语言类玩具指培养孩子听、说、读、写的语言文字能力的玩具，它对丰富孩子语言环境，学习正确发音，学习说话和语言交往有很大意义。

1、听的玩具。如听音旋转盘，录音机、八音琴等。

2、说的玩具。如识图卡片、顺序卡片、木偶、影子戏玩具、读卡机、学习机等。

😊 给宝宝喂药

吃药、打针，几乎成了小家伙脑子里最可怕的词汇了！医院里肆无忌惮的哭声，可怜兮兮的"不要，不要"的哀求声，真是让人心疼啊！可是良药苦口，生病了哪能不吃药呢！

其实不光是宝宝害怕吃药，作为父母，给宝宝喂药也是件头疼的事啊！往往是在我们"软硬兼施""威逼利诱"后，聪明的小家伙却依然不买账、不配合；或者因为宝宝大哭大闹，好不容易喂进去的药又吐了一大半。

其实只要掌握了一些给宝宝喂药的小技巧，让宝宝乖乖地吃药也会变得很简单。3个月以上的宝宝，可以用带刻度的滴管或者针筒式喂药器来喂，这样能避免药洒出。如果不行，也可以将你的手指蘸上溶解在少许水中的药，然后让宝宝吸吮你的手指，直到他把药全部吃完。 喂完药后，一定要记得抱抱宝宝，安慰安慰他哦！那么，喂宝宝吃药的时候要注意些什么呢？

1、喂药工具不要伸入宝宝口腔太深的部位。

2、调和药物的开水要使用温凉的，热水会破坏药物的成分。

3、保持喂药环境的安静。

4、如不是必须饭后服用的药物，最好让宝宝在吃奶之前吃药，因为宝宝在饥饿状态下，会自然张口吸吮。

5、宝宝不肯张口，不要硬灌药，以免日后抗拒吃药。

6、喂宝宝服用悬浮液时，不要掺水，应等宝宝服下药物之后，再给他喝下与药物等量的水。（服用1cc悬浮液，就喝1cc白开水）

7、宝宝服用药物的效用以30分钟为准，如果在30分钟以内大量呕吐，就要再补服一剂。

😊 异物隐患

随着小宝宝的一天天长大，自我意识逐渐增强，活动范围不断扩大，探索的愿望也变得越来越强烈。把抓到手里的东西放到口中，这是生命的本能。而处在"口欲期"的宝宝对吸吮的欲望会更加强烈。但在3岁以前，宝宝还没有安全意识，需要父母予以高度关注，防范隐患。

儿童气管异物发生率非常高，对宝宝的危害很大。尤其是婴幼儿时期，宝宝喉部反射功能还不健全，而且喜欢将食物或玩具放入口中。有时父母会给孩子吃一些花生米、果冻、葡萄，如果孩子边吃边玩，边说边笑或者突然受到惊吓，宝宝就非常容易发生窒息。当异物进入气管时，宝宝会立即表现出呛咳、呼吸困难、面色青紫。预防事故的发生，需要父母对宝宝时刻予以关注：要经常注意孩子玩小物品时，是否将物品放入口中；不要随意喂婴幼儿食用颗粒状食物；在吃东西时，家长切莫训斥、打骂或逗引宝宝；不要让宝宝躺在床上吃东西，或含着食物睡觉；喂药时，千万不能捏住鼻孔，待宝宝张嘴透气时，突然把药粉或药片灌入口内，这样很容易引起吸入异物的意外事故。

许多可入口的食物，如花生、核桃、瓜子、豆子、果冻、西瓜及橘子等食用不当均可造成吸入而引起宝宝窒息。近来由食用果冻造成的窒息越来越多，已严重威胁着宝宝的健康和生命，有的家长为了止住宝宝哭闹，宝宝仍然哭个不停的时候，就将果冻塞入宝宝的口腔中，因哭叫换气而用力将果冻吸入到咽喉部，立即造成宝宝窒息死亡。也有的是宝宝一边跑跳一边吃果冻，一不当心跌倒后突然哭叫会将含在口中的果冻吸入到咽喉部而堵塞咽喉部引起窒息。果冻的食用方法本身就是造成意外的原因，因果冻又圆又滑，吃的时候需用力吸进口腔中，常常因用力过猛而将果冻直接吸入到咽喉部而引起窒息。其他食物造成的吸入意外也不少见，如让宝宝自己吃西瓜，大人没有将西瓜种子取出来，而使宝宝吃西瓜的同时将西瓜种子吸入咽喉部。吃橘子时，大人将一瓣橘子剥开后，让宝宝吸橘子汁一不当心，可将橘子核或整个橘子瓣吸入到咽喉部而引起窒息。要知道这个时期的宝宝口腔的咀嚼功能差，吞咽功能不完善，不能将这些食物通过充分咀嚼后再吞咽下去，当喂养方法不当时，必会发生意外伤害。

一旦发生意外吸入窒息时，应当就地采取抢救措施，这时如能将吸入的食物取出来为最好，如果吸入已较深，则应采取一定的手法将吸入的异物挤压出来，具体做法是：大人坐在椅子上，双脚平放在地面上，让宝宝俯卧在大人的双腿上，头向下，大人的一只手放在宝宝的胸部，另一只手在宝宝的背部两肩胛骨之间拍打，可使异物排出。也可将宝宝的背部靠近大人的胸部，面向外，大人的两只手相握顶在宝宝的胸口和上腹部交界处，用力向上向内冲压，也可使异物排出。当异物排出后，宝宝仍有窒息则需做人工呼吸，情况允许的话，可转送有条件的医院继续治疗。

😊 宝宝出汗

出汗是人体正常的生理活动之一。汗是由一种叫做交感神经支配的汗腺所产生的。宝宝交感神经活动度比成人高，所以比成人容易出汗。出汗对人体具有散热、排毒、湿润皮肤等作用。但是宝宝出汗太多常常是一种病态。

这个阶段的宝宝，汗腺发达了，新陈代谢旺盛，平时活动量大，加上婴幼儿皮肤含水量较大，皮肤表层微血管分布较多，所以由皮肤蒸发的水分也多，再说宝宝对冷热的自我调节能力比较差，即使晚上也爱出汗，这是正常现象。因此父母会感到宝宝特别爱出汗。宝宝出汗多也有正常和异常之分。

一般，我们称生理性多汗为正常的出汗，医学上称为"生理性多汗"，一般都可以找到明显的外部原因或诱因。

1、气候炎热或室内空调温度过高而致宝宝多汗；

2、宝宝游戏、跑跳、剧烈的运动后出汗多；

3、宝宝衣服穿得过多；

4、晚上被子盖得太厚，使宝宝过热而出汗多；

5、吃了辛辣刺激性的食物，如辣椒等也会导致多汗。

病理性多汗则是指由于某些疾病原因引起的多汗，病因比较复杂。

1、儿童肥胖症：肥胖宝宝即使动一动或平时走走路也会大汗淋漓。

2、低血糖：表现为难过不安，面色苍白，出冷汗，甚至大汗淋漓，四肢发冷。

3、药物性多汗：吃退热药过量，引起大量出汗，甚至虚脱。

4、急慢性感染性疾病：伤寒、败血症、类风湿病、结缔组织病、红斑狼疮或血液病疾病等。

也常有大量出汗的表现，通常要请医生鉴别：

1、小儿心肺疾病：小儿先天性心脏病、肺炎合并心衰的患儿也常常会大量出虚汗。

2、小儿佝偻病：多汗是佝偻病活动期的重要特征表现，通常还伴有夜间哭闹、枕秃、乒乓头、方颅、前囟门增大且闭合延迟等症状。

3、小儿结核病：患有结核病的宝宝不仅前半夜汗多，后半夜天亮之前也多汗，称为"盗汗"。同时还伴有胃纳欠佳，午后低热或高热，面孔潮红，消瘦等表现，有的还会出现咳嗽、肝脾肿大、淋巴结肿大等症状。

4、小儿缺锌：人体中的多种微量元素都会通过汗液排泄，锌便是其中之

185

一。锌是促进儿童生长发育、免疫功能完善、视觉系统及性发育的重要元素，缺锌可引起食欲减退、异食癖、生长发育迟缓、精神不振、烦躁不安、反复上呼吸道感染、复发性口腔溃疡、腹泻、头发稀黄、无光泽、易脱落、注意力不集中等症状。

宝宝多汗，爸妈不必过分担忧，首先应该积极寻找宝宝多汗的原因。如果是生理性多汗，只要去除导致宝宝多汗的外界因素就可以了；如果是病理性多汗则要积极地对症治疗。要鉴别宝宝多汗的病理性原因，必须去医院进行相关检查，详细描述宝宝的症状，请医生结合病史、体征等因素综合分析，以便及时做出正确诊断和治疗，切不可擅自下结论，更不可随便给宝宝用药。

二、和妈妈有关的话题

如何喂养

第一周

虽说7—9个月宝宝的消化能力已有了一定基础，但辅食添加仍要遵循从少到多，每次加一种，循序渐进的原则。待宝宝适应且没有不良反应后，再增加另外一种。特别注意的是，宝宝只有处于饥饿状态下，才更易接受新食物。所以宝宝的新食物应在喂奶之前喂食，还要让宝宝逐渐认识各种味道。两餐内的辅食内容最好不一样，肉与菜的混合食物现在可开始尝试添加了。

宝宝的食物中依然不宜加过多盐、味精等调味品。此时宝宝肾脏功能尚不成熟，盐会使肾脏负担加重；当体内钠离子的浓度高时，会造成血液中钾的浓度降低，导致心脏功能受损，所以这个时期宝宝尽量避免用调味品。

第二周

很多家长，特别是老人，总怕有些食物宝宝嚼不烂，而把食物自己嚼过以后再给宝宝吃。这样的做法是极不可取的。在成人的口腔中存在着很多细菌，即使是刷牙，也不能把它们全清除掉。这些细菌对成人没有影响，但宝宝抵抗力低，一旦食入成人嚼过的食物，就可能引起病症的发生。

另外，由于食物经成人咀嚼后，混入唾液，使食物变成糊状，宝宝不必进一步咀嚼，这样极不利于孩子颌骨、牙齿以及唾液腺发育，会造成消化功能低下，影响食欲。

● 第三周

宝宝可能已经长出了3颗左右的牙齿，他已经适应了辅食，并且能吃肉类、蛋类、蔬菜等很多食物了。有些妈妈给孩子吃的东西过于精细，担心颗粒稍微大一些的食物会把宝宝噎着。实际上，宝宝的各种能力都是要锻炼的，比如咀嚼。而现在这个时期正是让宝宝锻炼咀嚼的关键期。如果错过了这个时期，那么宝宝以后在吃固体食物上就会遇到困难或者不喜欢吃固体食物。

让宝宝练习咀嚼的食物不仅仅是磨牙饼干、烤面包，像宝宝平时吃的米汤、稀粥、馄饨、包子、饺子等，都是让宝宝练习咀嚼的非常好的食物。

● 第四周

现在宝宝每天喂奶次数可以从3次减到2次，每天保证500ml母乳或配方奶就已足够了，而辅食要逐渐增加，同时也为断奶做准备。

如果这时的宝宝出现生长迟缓或停顿，妈妈也不必过于担心。除一日三餐外，可在上、下午各加一次点心，三餐的主食可为各种谷物做的稠粥，还要保证一定量的鱼肉、瘦肉、蛋类、豆制品以及各种蔬菜和瓜果。

妈妈还可以给宝宝添加一些土豆、白薯等根茎类食物，添加一些粗纤维的食物如蔬菜，但要把粗的老的部分去掉。这时妈妈也不必再把水果榨成汁了，可以直接给宝宝吃西红柿、橘子、香蕉等。

为宝宝做些什么？

● 第一周

· 对孩子一点一滴的进步，父母就要随时给予鼓励。
· 大小便训练仍可有可无，不要强迫宝宝。

• 这个时期带孩子的任务很重，由于宝宝活动能力的增加，可能会在意想不到的时候发生事故。因此，看护人的视线不要离开宝宝。

● 第二周

• 宝宝现在对小物品很感兴趣。看护人一定要注意，即使看起来无害的、小的东西也别让宝宝接触，稍微的疏忽也许就对对宝宝造成伤害。

• 宝宝手的功能有了很好的发展，你可以开始教宝宝自己进食了。

• 不要让宝宝总看电视，否则会伤害宝宝的眼睛。

● 第三周

• 不要把宝宝扔给电视或者光盘，要多跟宝宝互动，这样才能促进宝宝语言能力的发展。

• 宝宝喜欢和大人一起吃饭，妈妈可以利用这个特点，在大人午餐和晚餐时添加两次辅食。

• 可以扩大宝宝户外活动的范围，带宝宝到公园去，让他看到更多的外界景观。

● 第四周

• 这个阶段可以让宝宝充分地多爬。没必要让孩子过早学习站或者走。研究表明，爬的阶段比较长，爬得多的孩子，一旦学走，会非常快而且稳。而且由于爬行对孩子是非常好的四肢协调锻炼，爬得多的孩子还往往运动能力过人呢。

• 孩子厌烦重复的东西，要不断地给孩子创造新的游戏。

• 对于爱出汗的宝宝，妈妈不要给孩子穿的过多，睡觉时，也不要盖得过厚。

妈妈常见的问题

宝宝的头发稀少，正常吗？

一岁以内，宝宝的头发好一些、差一些、密一些、稀一些，大多数都是正常现象，家长无须多虑，宝宝的头发稀不能完全代表营养不良或缺少微量元素。宝宝的发质和遗传有关，也与对头发的护理有关。如果父母或直系亲属中有发质很差的，会遗传给婴儿，即使出生时头发很黑，也可能会慢慢变黄。

怎样清洁宝宝的小脸？

宝宝的小眼睛：取一条宝宝专用的四角方巾，沾湿后拧干，将方巾的其中一角卷在手指上，由内眼角到外眼角，轻轻地帮宝宝擦拭眼睛。为了避免交互感染，爸爸妈妈必须记清楚是分别用四角方巾的哪一个角，来清洁宝宝的右眼和左眼，千万不要搞混。

宝宝的小耳朵：将四角方巾沾湿后拧干，将方巾的其中一个角卷在手指上，轻轻擦拭宝宝的外耳部位。必须避开使用帮宝宝清洁眼睛时用过的方巾两角，分别利用另外两角，帮宝宝擦拭右耳和左耳。

宝宝的小口腔：将纱布沾湿，裹在手指上，轻轻帮宝宝擦拭舌头和牙龈。当宝宝喝完奶后，可以让他喝一点开水来清洁口腔。如果小宝宝不愿意喝开水，则可以利用纱布帮宝宝清洁口腔。需要特别提醒爸爸妈妈的是，清洁时手不要太深的放入宝宝的口中，以免引起宝宝的不适。

宝宝的小鼻子：基本上，只需要用方巾擦拭宝宝的鼻腔外侧就可以了。如果宝宝的外鼻孔道出现鼻屎，则可以用细棉棒在宝宝的鼻孔外侧稍微转一下，若担心宝宝感到疼痛，可以在棉棒上沾一点水。在宝宝外鼻孔内的分泌物，大都会随着打喷嚏而排出。一般来说，爸爸妈妈会感觉清洁宝宝的鼻子比较困难，因为宝宝的鼻孔很小。所以，通常鼻孔不用特别去处理，只需要时常清洁宝宝的鼻孔外侧就可以了。

婴儿何时需要睡枕头？

人们习惯认为，睡觉就必须枕枕头，于是就给刚刚出生的新生儿也枕一个小枕头。我们说这完全不必要，这不利于新生儿正常发育。由于新生儿的脊柱是直的，故平躺时，背和后脑勺在同一平面上，不会造成肌肉紧绷状态而导致落枕；加上新生儿的头大，几乎与肩同宽，侧卧也很自然，新生儿无需枕头。如果头部被垫高了，反而容易形成头颈弯曲，影响新生儿的呼吸和吞咽，甚至可能发生意外。为了防止吐奶，婴儿上半身可略垫高1厘米。

当婴儿长到3—4个月，颈部脊柱开始向前弯曲，这时睡觉时可枕一厘米高的枕头。长到7—8个月开始学"坐"时，婴儿胸部脊柱开始向后弯曲，肩也发育增宽，这时孩子睡觉时应枕3厘米高左右的枕头。过高、过低都不利于睡眠和身体正常发育，常枕高枕头容易形成驼背。

在民间给新生儿枕上又硬（常用高粱米糠做的枕头）又高的枕头，使新生儿脊柱的发育受到了影响。为了儿童的正常发育，根据新生儿的生理特点、发育特点，不要给新生儿枕枕头。

190

三、和宝宝有关的话题

😊 宝宝成长指标

🔵 第一周

8个月宝宝体重、身高参考值：
- 男婴体重7.1—11.0kg，身长67.5—76.5cm；
- 女婴体重6.5—10.5kg，身长65.3—75.0cm。

生理发展：
- 被抱成站姿时会将一只脚置于另一只脚前。

感官与反射：
- 会用手指扒开小东西，然后再用手捡起。

心智发展：
- 了解简单的指示。

- 会摇头表示"不"。

社会发展：

- 不喜欢被限制住。
- 见到熟悉或喜欢他的大人，会伸出手臂。

● 第二周

生理发展：

- 抓着东西时能站起来。
- 能在椅子上坐的很好。

感官与反射：

- 用双手去拿大的东西。
- 能一手一个捡起，并操纵两样东西。

心智发展：

- 可能记得前一天玩过的游戏。
- 会响应自己的玩具。

社会发展：

- 会想要在父母身边玩。
- 会自己吃一些食物。

● 第三周

生理发展：

- 会一手拿着东西爬。
- 爬行时会转过来。

感官与反射：

- 两只手能够将物品敲打在一起。

心智发展：

- 看到藏匿的玩具时会将它找出来。

社会发展：

- 会刻意选择要玩的玩具。
- 会模仿一些声音，如咳嗽，嘘声。

•会用杯子喝东西。

第四周

生理发展：

•扶床头的栏杆可以站起，但不会自己向前迈步。

感官与反射：

•会用食指和大拇指去拿小的东西。

心智发展：

•会对重复的东西厌烦。

•开始注意到垂直空间。

社会发展：

•开始判断人们的情绪。

营养食谱

第一周

鸡肉粥

原料：鸡胸脯肉、米饭、海带清汤、菠菜、白糖少许。

做法：1、将鸡胸脯肉去筋，切成小块，用少量白糖腌一下。

2、将菠菜炖熟并切碎。

3、米饭用海带清汤煮一下，再放入菠菜鸡肉同煮。

第二周

胡萝卜丝饼

原料：胡萝卜、猪肉、鸡蛋、芹菜、香油

做法：1、胡萝卜、猪肉、芹菜切碎并用调味料充分搅拌。

2、将搅拌好的材料做成厚约1公分的圆饼。

3、锅内放少许油小火将饼煎熟，至两面金黄即可。

什锦豆腐糊

原料：南豆腐、胡萝卜、青菜、肉末、鸡蛋、清汤

做法：1、胡萝卜煮熟切碎。

2、将豆腐放在开水中焯一下，去掉水分切成碎块。

3、将肉末放在锅中，加清汤，再捻碎豆腐和蔬菜末放入锅中，用文火煮至收汤为止。将调匀的鸡蛋倒入并不断搅拌，使整个菜成糊状即可。

● 第四周

牛奶通心粉

原料：通心粉半小碗、牛奶100ml

做法：1、将通心粉放入开水中煮熟至七成捞出。

2、再把通心粉和牛奶放入锅中，煮到通心粉烂即可。

提示：通心粉可以选不同形状的，以增加宝宝对食物的兴趣；如果用面条的话，请先将面条掰碎再煮。

193

🙂 宝宝常见的问题

宝宝为什么一见生人就哭

当发生这种情况时，正确的做法是，成人应及时地把宝宝抱起。首先让他觉得有安全感，然后，一边轻轻拍抚着他，一边告诉他："不要害怕，你不认识他，可他很喜欢你啊！"用来缓解宝宝恐惧的心理。如果这时孩子情绪稍微平静些，不再哭了，也可让对方用生动的玩具或有趣的动作等逗引孩子，以联络情感，解除紧张心态。但如果孩子表现还是十分紧张，可以暂时把孩子带走，不必当时强求宝宝一定要与生人交往。

父母一旦发现自己的宝宝见到生人就哭的行为，就要认真探究其原因，根据不同情况采取相应措施，帮助宝宝克服这种消极情绪。

1、宝宝平时很少出门，与外界接触机会太少，一时无法适应新人新环境，

家长可有意识地逐步让孩子接触外界。慢慢的当孩子意识到周围的人对他都很好，就会放松紧张心理，渐渐接纳一些新人新事。

2、以往某种消极情绪的影响。例如曾经到医院去打过针，对疼痛的印象很深，结果一见穿白大褂的人就害怕；如果这位护士是戴眼镜的，也许日后孩子一见戴眼镜的生人也会害怕得大哭。这时因为宝宝还小，还不能区别一些本质的属性。对这一类的宝宝，父母可以有意识地让他多接触一些不同类型的生人，逐步让宝宝知道，戴眼镜和穿白大褂的人很多，和人的好坏没有任何关系。一开始，爸爸妈妈也可以在家里有意识地穿件白大褂，或戴上一副眼镜，让宝宝逐渐习惯、接受，用以解除某些消极情绪的影响。

3、平时教育不当造成。小宝宝调皮、不听话，成人好用"再不听话，我叫陌生人抱走你"，"别乱跑，要不，坏人把你抓走"等来吓唬孩子，一旦孩子接触生人，就会产生恐惧心理，甚至就大哭起来。这就要求成人注意自己的言行举止，切莫因为不加注意随便说话，而造成孩子的心理障碍。

4、也有一类孩子生性胆小，接纳外界新事物、新人很缓慢。对这类孩子，家长就不要急于要求自己的宝宝和别的孩子一样，要耐心、细心、创造条件让宝宝逐步适应。

待宝宝再稍大一点的时也可告诉他，"勇敢的孩子是不哭的"、"不哭的孩子是好孩子"、"好孩子大家都喜欢他"等，用以培养宝宝自控力。只要方法得当，再随着宝宝身心发展和生活范围的不断扩大，这种消极行为也就会逐渐消失了。

宝宝感冒会引起肺炎吗?

感冒也就是平常所说的急性上呼吸道感染，是指鼻和咽峡部的炎症，但如果未得到控制，炎症向下蔓延可发展为急性气管炎、支气管炎，甚至肺炎。所以感冒、支气管炎也常为肺炎的早期表现。因此，如果宝宝患了感冒，就要及时有效的治疗与护理，以免发展成肺炎。如果感冒发热经正规治疗病情不见减轻，咳嗽、咳痰、发热等原有症状反而加重，并出现呼吸急促、胸痛时，就要警惕是否继发了肺炎。

哪些原因会引起婴儿发烧

引起婴儿发烧的原因有很多，大体而言可分为以下三大类：

1、外在因素

体温受外在环境影响，如天热时衣服穿太多、水喝的太少、房间空气不流通。

2、内在因素

生病、感冒、气管炎、喉咙发炎或其他疾病。

3、其他因素

如预防注射，包括麻疹、霍乱、白喉、破伤风等反应。

发烧只是疾病的症状之一，而不是全部。医师对于发烧，在乎的是疾病本身的影响及进展，但通常父母只看到疾病外表，如发烧、呕吐、咳嗽，就慌乱不已。殊不知医师治病，首先是找到病因及能完全治愈的方法，而不是单纯只为退烧而已。所以在某些情况下，会让发烧症状持续表现出来，以探寻内在真正的病因。因此，爱子心切的爸妈，切记不要一味的要求医师退烧，去治疗发烧症状，而是应遵从医嘱，准确的找出引起发烧的真正原因，对症下药。

发烧会不会"烧坏脑子"？

宝宝一发烧，父母亲之所以会立即很着急，不外乎是存在一个传统观念，认为孩子发烧会烧坏脑子。发高烧本身，是不会使"脑筋变坏，智能变差"的，以往有这样的误解，是因为医疗知识尚未普及，发高烧背后的原因没有区分清楚。

其实，只有脑炎、脑膜炎等疾病脑质本身受病毒破坏才会伤及智能或感官机能，而非发烧就将人烧笨、烧聋。婴幼儿体温控制中枢稳定性不如成人，轻度的病毒感染也可能高烧40℃，发烧时家长只要知道如何处理，至于诊断病因应该交给专业的医师，不必过分忧心。

根据统计，不论是什么原因引起的发烧，体温很少超过41℃，如果超过这个温度，罹患细菌性脑膜炎或败血症的可能性比较高，应特别警觉。至于脑细胞所能耐受的高温极限，可能必须到41.7℃，细胞蛋白质才会因高温变质，造成不可回复的损伤，这种极端的高温，很少伴随疾病发生，临床上唯有对麻醉过敏，引起恶性发烧才可能达到如此高温。

因为发烧本身不至于伤害孩子，所以退烧是否必要，长久以来一直有争议。主张不必退烧的学者认为，发烧是一种正常的免疫反应，可以帮助白血球抵抗细菌。分析发烧的形态可以帮助诊断病因，一味退烧反而误导。不过，多数医师和学者赞成适度的退烧。因为发烧会增加新陈代谢，造成内在的消耗，病人头痛，倦怠，心跳加速，非常不舒服。婴幼儿容易脱水，发烧造成水分蒸发，更是恶性循环，婴幼儿热性痉挛的比例较高，放任发烧，引起伤害是不必要的。

怎样正确地退烧？

作为父母的你，正确的退烧方法应该是：

维持家中的空气流通

若家有冷气，维持房间温度于25—27℃之间。可将幼儿置于冷气房中或以电扇绕转着吹，使体温慢慢地下降，如此幼儿也会感觉舒适些。但如果其四肢冰凉又猛打寒战，则表示需要温热，所以要外加毛毯覆盖。

脱掉过多的衣物

如果宝宝四肢及手脚温热且全身出汗，表示需要散热，可以少穿点衣物。

温水拭浴

将宝宝身上衣物解开，用温水（37℃）毛巾全身上下搓揉，如此可使宝宝皮肤的血管扩张将体气散出，另外水汽由体表蒸发时，也会吸收体热。

睡"冰枕"

有助于散热，但对较小的幼儿并不建议，因幼儿不易转动身体，"冰枕"会容易造成局部过冷或致体温过低。使用退热贴也可以，退热贴的胶状物质中的水分汽化时可以将热量带走，不会出现过分冷却的情况。

多喝水

以助发汗，并防脱水。水有调节温度的功能，可使体温下降及补充宝宝体内的失水。

使用退烧药

当婴幼儿中心温度（肛温或耳温）超过38.5℃时，可以适度的使用退烧药水或栓剂。

😊 亲子互动游戏

🔵 第一周

本周可以重点训练宝宝用手拉的动作。妈妈可以准备拉绳玩具，或者是自己制作，把小汽车或者其他物品用粗些的绳子系好，在宝宝爬行的时候，把玩具放在宝宝的前方，绳子一端放在宝宝手能触碰到的地方，然后示意宝宝伸手去拉绳子，把玩具拉到自己的身边。当这个游戏玩熟练以后，还可以增加难度，准备两条或者三条绳子，和一个有绳子的玩具，放在桌子上，然后绳子一端朝地方向，让宝宝伸手去拉。看一看拉哪个绳子才会拉下来玩具呢？

这个游戏可以提高宝宝用手拉的本领，还可以提升宝宝的智力，善于思考的学习能力，帮助宝宝了解事物之间的联系等等。

🔵 第二周

在上周拉绳子取物品游戏的基础上，本周可以更加丰富这个游戏，让宝宝体会事物之间的联系。生活有很多这样的例子，当我们拿不到一件东西的时候会借助一些外力，比方说可以借助一个大漏勺去拿一个距离比自己远些的小球玩具，可以爬到小椅子上拿一个放在桌子上比较高的玩具等等，这样小启发游戏，能够开拓宝宝的视野，培养遇到事情想办法解决的能力。

🔵 第三周

堆积玩具的游戏可能是宝宝目前最喜欢的游戏了，同时在宝宝的技能本领日渐丰富的现在，家长千万不能忽视数学能力的培养，本周可以教宝宝认识理解大与小了，不过需要家长一遍一遍的跟宝宝玩游戏才行。

准备套杯、套盒或者是套娃类别的玩具，先拿出一个最小的和一个最大的跟宝宝玩。首先告诉宝宝定义，这个是大的（指着最大的），这个是小的（指着最小的），然后把大和小的两个玩具排成一个横排放在宝宝面前，让宝宝帮助妈妈拿出那个大的，看宝宝会不会拿对。如果宝宝刚开始拿错了，家长不需要着急说不对，应该直接告诉宝宝，你拿的是小的，妈妈想要一个最大的，然后宝宝就会放下手中的去拿另一个，宝宝拿对的时候，一定要及时的给予表扬，这样反复几次宝宝就能理解大和小的概念了。

宝宝现在还是以自我为中心的，不懂得与人分享，更不懂得放手。细心的妈妈可以观察到，别人要宝宝手里吃的东西宝宝可能不会给，甚至妈妈要宝宝都不喜欢给。一个很好的游戏可以帮助宝宝理解放手带来的乐趣，比如《一起丢积木》。将积木从一个容器里面拿出来，放手丢在地上，这样会发出响声，孩子会乐此不疲的玩，玩具都丢完了，还可以引导孩子把玩具捡起来再丢回容器里，还是会发出声音，但是声音效果不同。

这个游戏看起来很简单，其实可以帮助宝宝理解放手带来的快乐，还使宝宝理解同样的东西掉在不同地方发出的声音不一样。在这个基础上，孩子能够把自己手中的饼干分享给其他人的时候一定要及时的表扬，让宝宝觉得这样做是很光荣的事情，这样宝宝渐渐地就懂得与人分享了。

198

宝宝本月成长记录

体重	
身高	
头围	
囟门	
牙齿	
饮食	
活动	
大便	
睡眠	
其他情况	

第十一章 宝宝9个月

宝宝满9个月了，运动能力明显增强。宝宝爬行时四肢能伸直，稍微支撑即可站立，可以手掌支地撑起，独立站起来，可扶着家具横着走两步了。宝宝的进步还不止这些，他不但会站起来，还会从站着变成坐着，可别小看了这个动作，这可需要宝宝腿部肌肉强大的力量。

宝宝能指认身体的各部分，模仿手势、脸部表情、声音。有的宝宝喜欢模仿叫"妈妈"，这个时期，宝宝的"分离焦虑感"达到了高潮，表现出对妈妈的极度依恋，这是正常的心理现象。如果需要其他人照顾宝宝，妈妈可以提醒他人慢慢接近宝宝，这需要一个过程。宝宝紧张的时候，可能会用嘬大拇指平抚自己的焦虑，没有关系，吮吸是宝宝为数不多的几个能让自己安静下来的办法之一。

宝宝有了观察物体的不同形状和结构能力，通过看，婴儿增长了认识事物、观察事物、指导运动的能力。宝宝已经能眼手配合完成一些活动，如把玩具放在箱子里，把手指头插到玩具的小孔中，用手拧玩具上的螺丝，掰玩具上的零件，看到什么就想拿什么。宝宝开始能记住一些更具体的事了，比如，他的玩具在家里的什么地方。同时，宝宝也能模仿他从前看到过的动作，甚至是一周前所看到的动作。

宝宝两手扶着栏杆站立时，会攥着栏杆使劲摇晃，使床发出咯吱咯吱的响声。宝宝腿部的力量越来越强壮，自己坐下的时候不会再跌倒，而是很自然地坐下，或是蹲下来，而蹲下来需要全身肌肉和关节的协调运动，还要有平衡能力。

你可能发现宝宝的睡眠更深了，不易被吵醒，晚上即使有尿，也是尿完就睡，不用哄，也不用吃奶。但是也会有些不爱睡觉的宝宝，睡眠可能更轻了，似乎不能让妈妈离开半步，特别是吃母乳的宝宝，更会如此。

现在，虽然宝宝已经会扶着东西站一小会了，但是宝宝爬的能力还在不断地增强。他可能爬的更快了，也许会往叠着的被垛上爬，还尝试用四肢支撑着身体，把屁股翘得老高，低下头看自己的脚丫。有的宝宝可能会扶着床沿、沙发墩、木箱等横着走几步，有的宝宝能推着能滑动的物体向前迈步，但不敢离开物体向前走。也许你感觉到，现在宝宝能够明白你的意思了。的确如此，但是宝宝是靠你的语气而不是靠词汇来领会你的。

到这时，你的宝宝可能已经能够到处活动了。如果孩子运动发育好些的话，他可能会绕着家具漫游，会从椅子上爬上爬下。他会拉着东西站起来，而且可能只靠一只手抓着。多数的宝宝很喜欢站着，甚至换尿布的时候他也会要求站着换呢！

你可能发现宝宝会专心地上下移动玩具，或者将它们移近然后又移远。当他将玩具放颠倒时，便可看到另一只种景物。当宝宝专注于这些活动的时候，他就是在探索物品、探索世界。宝宝的理解力明显增强，能答应别人叫他的名字，执行别人对他的简单命令，也能认得常见物体。宝宝会用动作来引起你的注意，甚至可能在看到你朝门口走的时候跟你挥手再见。他也开始有了自己的主意，当他想拒绝的时候，他可能说"不"。

一、本月特别关注

😊 宝宝恋物

现在，有的宝宝已经断奶了，再也不能躺在妈妈的怀抱里吃奶了对于宝宝来说是一个巨大的变化，宝宝会感到失落，甚至感到不安全。于是，宝宝开始寻找过渡性的情绪依靠，这个依靠也许是毛绒玩具、宝宝的枕巾，又或许是被子角。宝宝会通过抚摸、吸吮这些熟悉的物品而得到心理安慰。虽然宝宝的恋物行为我们能够理解，但是仍然要尽量"温柔"地限制宝宝。

如果你发现你的宝宝有一些"恋物"了，也不要惊慌，可以试一试下面的方法，纠正宝宝的"恋物"。首先，妈妈要尽量多找些机会陪陪孩子，让孩子体会到妈妈的爱。一定不要吝啬你的拥抱，多抚摸孩子的背部和头顶，以解其"皮肤饥饿"。经常和父母有肌肤接触的婴儿，很少会有恋物癖的。 其次，在给孩子准备玩具和生活用品的时候，可以多准备几件，或者不同颜色的交替使用，这样，孩子就不会轻易对这些经常被替换的物品产生无法割舍的感情。

如果孩子产生了这种恋物倾向，爸爸妈妈怎么办？爸爸妈妈们需要多问问自己两个问题：我有很多时间陪孩子吗？我经常抚摸孩子吗？如果有，那恭喜你们，更要恭喜你的孩子。如果其中有一个答案是否定的，甚至都是否定的，那爸爸妈妈们得赶紧改变一下自己的抚育风格，多陪陪孩子，多安抚安抚孩子。他们一定很需要你！假如你的孩子已经有了恋物行为，那么"亡羊补牢，为时不晚"：

1、适当减少孩子的独处时间，因为孩子在一个人的时候，最有可能需要依恋物的陪伴。

2、准备一些更具吸引力的玩具或其他物品来逐步分散孩子的注意力。

3、在睡觉之前，可以利用舒缓的音乐使孩子获得平静以及心灵的安抚，从而减少对某特定物品的依恋。

4、睡觉时，妈妈可以讲讲故事，在房间里点一盏小灯，减少孩子一个人独睡的恐惧。

5、设置一个情节，让孩子把所"恋"之物送给她最喜欢的小朋友。比如，孩子既喜欢那条粉红色的毯子，又喜欢阿姨刚生下来的小宝宝。可以建议她把小毯子送给小宝宝，做个小姐姐。

6、多看看外面的世界，可以多带孩子做室外活动，多交几个好朋友；或者出外郊游，欣赏人文、自然景观，开阔孩子的眼界。孩子的性格开朗了，对物品的依恋自然也会减少。

🐵 为宝宝选衣服

随着宝宝的成长，宝宝的运动量越来越大，他不再满足于整天躺在床上或坐在沙发上了。现在，宝宝越来越喜欢爬、站。对于这样的宝宝来说，妈妈应该准备什么样的衣着比较合适呢？

安全：为宝宝选择衣服，安全是首要的。不要买含荧光成分的衣物，孩子经常穿深色服装会因为摩擦使得染料脱落渗入皮肤，特别是一些婴幼儿爱咬嚼衣服，染料及化学制剂会因此进入孩子体内；宝宝衣服上也不宜有大纽扣、拉链、扣环别针之类的东西，以防损伤宝宝的皮肤，或者被宝宝误食发生危险。

面料： 宝宝衣服面料的总原则是柔软、吸汗、安全、色彩艳丽明快、易洗而不褪色等。

款式： 宝宝的衣着款式要简洁、宽松、安全。

尺寸： 为宝宝购买或缝制衣服时，尺码应稍微大一些，这样不会影响宝宝的生长发育。

宝宝的鞋： 宝宝马上要学走路了，要选择鞋帮稍高些的，这样有利于保护宝宝的脚踝。鞋底表面应有凹凸，可以增加阻力，防止宝宝滑倒。

为宝宝选择的衣服，其样式、材料、质感相当重要。一般来说，宝宝出生时会需要一些衣服：纱布内衣（短）、棉布肚衣（长）、全开襟、侧开襟内衣、披风、长袍、兔子装、外出服、棉长裤、棉短裤，这些衣物都应尽量以棉质衣物为主，衣服颜色不要有太多花色，因为颜料会刺激宝宝的皮肤。毛质的衣服应穿在内衣之外，避免引起皮肤过敏；套头式衣服领口部分须宽松，以方便穿、脱。而衣物也应依照季节不同，适时搭配厚、薄、长、短服饰。

另外，一年四季中，夏天、冬天是最难穿衣的季节。夏天天气闷热，宝宝容易流汗、身体湿热，在衣服的选择上，以短内衣、棉布肚衣、棉裤子最适合。棉质衣物柔软且透气，不仅方便清洗，且可吸收身体汗水，非常适合宝宝。至于室内开冷气时，也不必要一直增添衣服，可以给宝宝穿一件稍长且稍微厚一点的衣物即可。在室外则以宽松、薄且容易活动的衣物为主，如此一来，可减少宝宝身体过度负荷。

而冬季，由于婴儿四肢暴露在外时间较多，加上四肢较其他部位温度低，穿衣原则为：薄衣多穿几件。通常宝宝的躯干部分很温热，可是四肢却冷冰冰的，温度有时相差3至5度左右。不要让宝宝穿太厚的衣服，而是薄薄衣服多穿几件，这样衣服与衣服之间会形成隔绝冷空气层，以达到保暖作用。

😊 让宝宝自己吃饭

现在宝宝有了很强的独立意识，总想不依靠妈妈的帮助，自己摆弄餐具吃饭。这是宝宝独立的开端，爸爸妈妈千万不要放过这个训练宝宝自己吃饭的大好时机。

首先要给宝宝吃柔软、不会噎着的食物，如面条、小蛋糕、磨牙棒、小馒头、熟木瓜、炖南瓜或酥软豆类等。避免给宝宝吃葡萄、坚果、花生米等，这些食物可能会让宝宝窒息。每次吃饭前，要把宝宝的小手洗干净，让宝宝坐在专门的餐椅上，并给宝宝带上围嘴。可准备两套小碗和小勺，一套宝宝自己拿着，一套妈妈拿着，边吃边喂。想让宝宝学会自己吃饭，也不是一件很难的事，只不过要讲究一点策略。下面就告诉你一些诀窍。

● 让宝宝吃手抓食物

宝宝在八九个月的时候，就想自己用手抓起食物来吃，而且不用你教他，他自己就能办到。你会怎么做呢？"哎呀，弄得满地、满身都是，太脏了，太乱了，收拾起来太麻烦了。"如果你是这样想的，那么，就别想在宝宝该学会自己吃饭的时候，看到宝宝自己吃饭了。

聪明妈妈可以——

放手让宝宝用手抓着吃。

让宝宝先抓面包片、磨牙饼干；再把水果块、煮熟的蔬菜等放在他面前，让他抓着吃。

刚开始时，一次少给他一点，防止他把所有的东西一下子全塞到嘴里。

● 把勺子交给宝宝

宝宝八九个月时，给他喂饭最头痛的问题莫过于他总是要抢勺子。你会怎么做呢？"哎呀，宝宝拿着勺子在盘子里乱戳乱捣，瞧，盘子翻了，碗也倒了。"这时，大多数妈妈会失去耐心，甚至对宝宝大吼大叫，或者当即没收给宝宝的这项特权。宝宝只有干着急，甚至有些胆子小的宝宝，学习吃饭的热情就这样被你浇灭了。

聪明妈妈可以——

给宝宝一把勺子，教他盛起食物，喂到嘴里。给宝宝戴上大围兜，在宝宝坐的椅子下面铺上塑料布或不用的报纸。容忍宝宝吃得一塌糊涂。在宝宝成功时，给予热烈的鼓励。用较重的不易掀翻的盘子，或者底部带吸盘的碗。

照顾到宝宝的实际能力，当宝宝吃累了，用勺子在盘子里乱扒拉时，把盘子拿开。不过，可以在托盘上留点儿东西，让他继续做实验。刚开始时，给宝宝一把勺子，你自己拿一把，在宝宝自己吃的同时喂给他吃。

● 游戏中教宝宝用勺子

用勺子盛起食物，并把它送到嘴里，这两件事对成年人来说易如反掌，但对于宝宝来说，可都是难度系数很大的哟。他需要时间来练习，起码得好几个星期呢。所以，你可以利用游戏来增加宝宝锻炼的机会，而且宝宝会觉得好玩，乐此不疲。

一些蚕豆。注意不要选择花生、纽扣等小而坚硬的东西，防止宝宝在大人不注意的时候塞到嘴里，发生危险。两只碗，一把勺子。注意碗要重一些且不易碎，以免宝宝动不动就把碗弄翻而产生挫折感。勺子选择大一些、宽一些的，否则很难舀起蚕豆。

把蚕豆放在一只碗里，再给宝宝一把勺子和一只碗，教宝宝用勺子把蚕豆从一只碗里舀到另一只碗里。你也可以拿一把勺子，和宝宝一起舀。当然要尽量让宝宝舀，宝宝也会这样要求的，你可以在必要时给予一点帮助。还有，在宝宝成功的时候，别忘了大声表扬。

玩这个游戏时，你一定要在旁边看着。并告诉宝宝这是游戏，不要把碗里的蚕豆放到嘴里。如果宝宝用勺子在碗里乱戳乱捣，不必在意，随他去。舀豆子时，还可以教宝宝数字，一边舀，一边数数。

● 尽早让宝宝自己吃饭

八九个月的宝宝最喜欢学习了，假如这时你不让他自己吃饭，等到快2岁了，你想："哎呀，上托儿所要自己吃饭的，我该训练他自己吃饭了。"宝宝可不这么想，他已经习惯了你喂他，他才不愿自己吃呢！而且，到那时，学习使用勺子也没那么容易了。

聪明妈妈可以——

为宝宝提供他最爱吃的食物；让就餐的环境轻松而且愉快；为宝宝准备一套喜欢的用小碟子装宝宝的食物，这样宝宝会乐于把所有小碟子里的东西吃光，也可避免宝宝对于特别喜欢吃的东西一下子吃得太多。

● 保持良好的心态

在宝宝吃饭的问题上，妈妈的心态很重要。宝宝的胃口几乎随时会发生改变，所以当你精心制作了他上一顿喜欢吃的东西，端到他面前时，他也许一口也不要吃。这时，你会怎么做？"这不是你最爱吃的吗？妈妈这么辛苦给你做了，你一定要吃，不然妈妈再也不给你做了。"其实，你的宝宝并不是存心捣蛋，只是他真的不想吃。

聪明妈妈可以——

不必担心他营养不良，他可能只是不喜欢这种吃法，而不是这样东西，所以换一种制作方法试试。例如蔬菜，不管你切碎了烧给他吃还是蒸给他吃，他都不领情，但是，如果做成馅包在饺子或包子里，宝宝大多不会拒绝。

不必担心宝宝会饿着，如果他饿了，自然会自己要求吃东西。如果总是强迫宝宝吃饭，只是破坏他的胃口，使他厌食。所以，不用为了让他多吃一口而想方设法，甚至大动干戈。

不要总是急着问："你还想再吃吗？"耐心地等待宝宝主动要吧！不要因为宝宝吃得多表扬他，也不要因为他吃得少而显得失望。宝宝吃饭，不是因为你的表扬或批评，而是因为他肚子饿，他想吃东西。所以，要让宝宝自己产生想吃东西的欲望。当你不再逼迫他，他不再感到有压力时，他自然会把注意力转移到吃饭上。

不要用宝宝喜欢吃的食物引诱他或强迫宝宝吃不喜欢吃的食物，妈妈们可能会说："先吃一口菜，吃一口菜，我就给你薯片吃。"你这样做，只会让宝宝更加觉得菜是不好吃的，同时也更增加对薯片的欲望。

● 让宝宝有饥饿感

宝宝之所以不能好好地吃饭，是因为他不饿。所以，要想办法让他有饥饿感。你可以在宝宝吃了几口就不好好吃的时候，心平气和地说"好了，宝宝吃饱了"然后把碗收掉，不要在乎他剩下多少。这样，几天以后，宝宝就会感到特别想吃东西，那时，你再把食物端到他面前，并且转身去忙别的，让他自己有机会喂自己吃饭。

● 宝宝能自己吃了，不要再喂他

宝宝能独立地自己吃了，有时他反而想要妈妈喂。这时，如果你觉得他反正会自己吃了，再喂一喂没有关系，那就很可能前功尽弃。如果他坚持让你喂，你可以简单地喂他几口，然后漫不经心地表示他已经吃饱了。这样，他如果想吃的话，就得自己吃。

培养宝宝与别人交往

卡耐基曾说过，一个成功者，专业知识所起的作用是15%，而交际能力却占85%。这也就是说，人际关系的和谐，交往本领的高强，是社会判断成功者的重要标准。心理学家们普遍认为，人际关系代表着人的心理适应水平，是心理健康的一个重要标志，而人际交往不良常常是心理疾病的主要原因。

孩子从小就表现出与人交往的需要。当妈妈喂婴儿吃奶时，用"呵呵"的声音与妈妈交往，孩子还会用眼睛看着妈妈或以笑作答，这是亲子之情的流露和表现；当宝宝长大一些后，宝宝开始喜欢跟小朋友交往，即使是面对素不相识的小伙伴也要互相摸抓，以表示亲热。当宝宝的交往需要得到了满足，宝宝会表现得特别欣喜和愉悦。　因此，父母有意识地给宝宝提供与别人交往的机会，有意地引导宝宝正确地与别人交往，对宝宝交际技能的发展是非常重要的。

二、和妈妈有关的话题

如何喂养

● 第一周

现在应该培养宝宝尽可能一觉睡到天亮了。按照循序渐进的原则，让宝宝先断掉中午那顿母乳，然后渐渐过渡到晚上。很多妈妈都是采用先把宝宝喂饱，陪孩子玩累得直到睡着，半夜哭闹时轻拍，但不给他喂母乳，最后慢慢都能成功断掉夜奶。

如果你的宝宝辅食添加得很顺利，则可以试着吃整个鸡蛋了。但鸡蛋以一天一个为限，若你的宝宝属于过敏体质的话，建议你让宝宝下个月再开始吃蛋白。富含蛋白质与B族维生素等的豆腐、鱼、肉类每天一两左右，每周可以吃一次动物肝脏以补充铁质。

● 第二周

国际母乳协会建议有条件的妈妈可以把母乳坚持到两岁。如果你是坚定的"奶牛"妈妈，宝宝也会为你喝彩！但也要注意保证此时宝宝辅食添加的合理够量。

当你的宝宝已逐渐适应辅食，同时你因工作等种种情况开始了你的断奶计划，那么关于断奶的时间、方法等就要多多学习了。给宝宝断奶前，最好带他去医院做一次全面体格检查，以保证宝宝是在最健康的情况下断奶。否则会影响宝宝的健康。生病期间更不宜断奶。

断奶最好选择在春暖或秋凉的季节，这时，生活方式和习惯的改变对宝宝的健康冲击较小。

● 第三周

宝宝的牙齿护理不仅仅指每天的口腔清洁，给宝宝补充必要的"固齿食物"，也能帮助宝宝拥有一口漂亮坚固的小牙齿。对于宝宝来说，营养好，牙齿就好。这是因为，乳牙的发育与全身组织器官的发育虽然不尽相同，但是，乳牙在成长过程中也需要多种营养素。如：钙、磷、氟、蛋白质等。因此，给宝宝安排合理的饮食，不仅能够让宝宝身体长的棒棒的，还能够让宝宝拥有健康牙齿！

● 第四周

断奶不仅仅是一个简单的吃的问题，而且也是孩子迈向独立的一个重要转折点。断奶可减少孩子对母亲的依赖心理，就从断奶来让孩子慢慢成长吧。

断奶要循序渐进，具体做法是：先减去白天喂的一顿奶，过一周左右，如果妈妈感到乳房不太发胀，宝宝消化和吸收的情况也很好，可再减去一顿奶，并加大辅食的量，逐渐断奶。对于习惯于晚上必吃母乳的宝宝来说，妈妈避开不与宝宝同睡，改由爸爸（或奶奶、姥姥）哄宝宝睡觉，对断奶会有帮助。

如果妈妈奶胀厉害，要将乳汁挤掉，以免损伤乳房，也可以在医生的指导下用药物来减轻奶胀。

为宝宝做些什么？

第一周

•可以在房间里专门开辟出一块宝宝活动的区域，让他知道，这是属于他自己的空间。

•宝宝现在活动量大了，妈妈的心却放不下了。是的，无论如何，要把孩子的安全放在第一位。

•宝宝整天到处爬、到处摸，容易沾细菌，特别是指甲缝里是细菌、微生物及病毒藏身的大本营，所以要及时给宝宝剪指甲。

第二周

•一岁前的最后三个月，是宝宝在第一年里最善于模仿的时期，父母要利用好这宝贵的时期。和宝宝不停地说话对宝宝的各方面的智能发育是非常有好处的。

•现在还不要让宝宝学走，过早学走和站立并不是很好的，还是让宝宝多爬。

•本周可以开始训练宝宝大小便坐盆了，养成一个好习惯是很重要的，不过训练宝宝的时候不能威胁，尽量在宝宝完全同意的情况下，定时的协助宝宝坐盆。

第三周

•让宝宝与家人一起用餐，这样不仅可以增加孩子对吃饭的兴趣，还可以锻炼手部动作，模仿和学习大人的用餐礼仪。

•保护乳牙。这时期大多数宝宝已经出牙了，早期的口腔保健对乳牙的生长非常重要。出牙后，不要在睡觉前给宝宝吃食物，平时少吃甜食，每天早晚给宝宝喂白开水，清洁口腔。

- 当宝宝能站得稳时，就是买鞋的时候了。

● 第四周

- 宝宝活泼好动，非常容易受到意外伤害。家长非常有必要掌握基本的急救常识。
- 宝宝虽然还不会说话，但却能了解不少语意。家长不妨开始在要求他做事时说"请"和"谢谢"。
- 给宝宝吃一些块状食物，有助于发展舌头的控制能力。

😊 妈妈常见的问题

脚尖站着是病吗？

宝宝站在父母的腿上时，会用脚尖站着，妈妈会怀疑，孩子用脚尖站着是不是异常。这个月的婴儿，对于站着的危险性有了认识，站在妈妈的腿上面不但不平，还软软的，很不稳当，婴儿就会用脚尖抠着，防止摔倒。

影响宝宝牙齿健康有那些因素呢？

● 宝宝一直用嘴呼吸

正常的鼻呼吸功能，能保证颌面部的正常发育。慢性鼻炎、鼻窦炎、鼻甲肥大、鼻中隔充血，增殖腺肥大及鼻肿瘤等，使鼻腔部分或全部阻塞，影响正常的鼻呼吸，迫使婴儿用嘴呼吸，也可引起颌面部的发育畸形，表现为上颌弓狭窄，前牙拥挤或前突，下颌前突。如果你发现宝宝无论是平时还是睡觉时，始终都用嘴巴呼吸，一定带他到医院查一查。

● 一些疾病对牙齿也有影响

宝宝身体健康是保证颅面部骨骼和牙齿发育的基础。很多疾病在影响身体健康的同时，更会影响颅面部以及全身的生长发育。如：

•婴儿时期多发的伴有高热的出疹性急性传染病，如麻疹、水痘、猩红热等，能使形成牙齿的组织发育受损，影响将来牙齿的形态。

•佝偻病是由于婴幼儿受阳光照射不足，维生素D缺乏而使食物中钙磷摄入失去平衡，钙质不能正常沉积在骨骼的生长部分，以致发生变形。

•消化不良，胃肠炎、结核病、小儿麻痹症等慢性长期消耗性疾病，严重破坏机体的营养状况，因而会妨碍上下颌骨的生长发育，造成牙骨的错合畸形，比如上颌前突，下颌前突，上颌后缩，下颌后缩等。

● 孕期妈妈的牙齿就不好

如果准妈妈孕期营养不良，缺少胎儿生长发育所需的钙、磷、铁等矿物质，以及维生素B、C、D等，都可能造成胎儿发育不良或发育异常。妊娠期间，母亲受外伤或受大剂量放射线的辐射，也可引起胎儿发育异常。胎儿的器官发育是贯穿孕期始终的，身体的发育异常有可能表现在牙齿上，造成先天的口腔缺陷。妊娠初期患病，如风疹、中毒、内分泌功能失调及其他传染病也会影响胎儿骨的钙化程度、牙齿的萌出、乳牙根的吸收，甚至会导致牙齿发育不全或牙齿畸形。

● 坏习惯导致牙齿不整齐

•宝宝睡眠时，经常用肘或拳头枕在一侧，或习惯用手拖一侧腮部，都可影响颌面部的正常发育及面部的对称性。

•孩子啃手指甲，或咬衣角、袖口、被角、枕角，及吮吸橡皮奶头，因为咬的东西总是固定在某一部位，因而形成局部小开合畸形。

•宝宝在长乳牙后期，由于孩子一侧牙齿的正常咀嚼功能受损，他只能用另一侧吃饭，时间长了，造成面部左右发育不对称。不常吃饭的一侧因为缺少食物的冲刷，牙垢牙石容易堆积，易发生龋病和牙周病。

● 宝宝吮吸姿势不正确

吮吸功能是婴儿的本能活动。婴儿出生时，下颌骨相对于上颌骨处于后缩的位置。如果是母乳喂养，就能给下颌以适当的功能性刺激，可以使下颌向前调至正常位置。如果是人工喂养，假如宝宝吃奶的姿势不正确，或橡皮奶头大小不适合宝宝的月龄，就可能使婴儿的下颌前伸不足或前伸过度，造成下颌后缩或下颌前突畸形。

● 孩子的饮食锻炼不够

如果孩子吃的食物过于细软，缺少足够的硬度，他们的咀嚼功能得不到充分的发挥，牙颌系统发育缺少正常的生理性刺激，就会引起牙弓发育不良，牙齿拥挤错合畸形。因此，儿童的食物，除高蛋白、高维生素以外，应强调食品的物理性状富有纤维性，一定的粗糙性和耐嚼性。让孩子吃有一定硬度的食品，增强他们的咀嚼功能，从而促进牙齿的正常发育，使龋齿或牙周疾病的患病率降低。发育良好的咀嚼功能，是预防错合畸形最自然而又有效的方法之一。应避免食用高度精致、柔软粘滞的食物。

怎样安放宝宝小床？

1、在床边的地板上铺上软垫，这样万一宝宝不小心摔到床下，也不会直接撞在地板上。

2、婴儿床不宜放在有高度落差的地板边缘，否则万一宝宝不小心摔下床，可能会继续滚落到较低的地板上，又一次受到伤害。

3、移开婴儿床周边的杂物，尤其是尖锐物品。如果婴儿床的附近有家具的棱角(如柜子或桌角)，应该在转角上加装软垫，或者用布将尖锐的角包裹起来。

4、现在的婴儿床都装有护栏，如果没有，家长可自己在婴儿床边加装护栏，以避免宝宝不小心跌落。此外，提醒爸爸妈妈们，婴儿床护栏的间隔距离必须小于10厘米，才不会出现宝宝头部被卡住的危险情况。

宝宝坠床时怎么办?

● 紧急止血

宝宝掉下床后如果发生流血的状况,可先进行止血处理,最简单有效的就是直接加压止血法。可拿一块干净的纱布放在伤口上直接加压,直到出血停止。如果宝宝流鼻血,可以用手压住鼻子(鼻根的地方)以帮助止血,但不要把宝宝的头仰起,以免血液返流到胃部引起刺激性呕吐。

● 固定伤处

宝宝从床上掉下后,必须先确认其是否骨折。如果宝宝跌落后剧烈哭闹或失去意识,且手脚不能活动,需要怀疑是颈椎受到伤害或脑震荡及颅内出血。无论是骨折还是颈椎受伤,都应该立刻将受伤部位固定,不要移动。如果家人不会固定受伤部分,必须等急救人员来操作,以免因为处理不当而造成更严重的伤害。

三、和宝宝有关的话题

宝宝成长指标

● 第一周

9个月宝宝体重、身高参考值:
- 男婴体重7.1—11.0kg,身长67.5—76.5cm;
- 女婴体重6.5—10.5kg,身长65.3—75.0cm。

生理发展:
- 不太需要支撑便能站立。

感官与反射:
- 以不熟练的方式自发性放开物品。
- 用大拇指及食指抓取细小的东西。

心智发展：

• 模仿他人的动作增加。

• 能了解并服从某些话及指令。

社会发展：

• 重复声音和手势来吸引注意。

• 模仿面部表情。

• 模仿声音。

• 喜欢不同的游戏。

● 第二周

生理发展：

• 用双手抓着东西走路。

感官与反射：

• 开始偏好于某一种运动。

心智发展：

• 看到东西被藏起来时会去寻找。

• 更注意别的孩子，看见别人哭也跟着哭。

社会发展：

• 会表现出不同的情绪，如难过，快乐，悲伤，生气。

• 喜欢在水中玩。

• 偏好于某样玩具。

● 第三周

生理发展：

• 爬的动作越来越协调。

感官与反射：

• 会以摇摆、弹跳、摇晃、轻轻哼唱来响应音乐。

心智发展：

• 会不断重复一个字，用它来回答每个问题。

社会发展：

• 开始意识到自我。

• 能模仿别人手势。

第四周

生理发展：

• 可能会起身成站立姿势

心智发展：

• 不用看就能伸手拿身后的玩具。

• 喜欢将东西组合在一起。

感官与反射：

• 会用一只手拿两样小的东西。

社会发展：

• 寻求同伴的关注。

• 恐惧陌生的地方。

214

营养食谱

第一周

虾肉肝菜烂面

原料： 龙须面、熟鸡肝、虾肉、菠菜、鸡蛋、去油鸡汤。

做法： 1、龙须面掰成小段、虾肉切成碎末，加少量蛋清、干淀粉搅拌均匀。

2、锅热放油，将葱、姜放入煎香后捞出，放入虾肉菠菜迅速煸炒出锅。

3、龙须面煮熟后加入鸡汤、虾肉、肝末、菠菜末后旺火烧开，改用小火将面煮至软烂，加入盐、少许香油即可。

第二周

土豆鱼肉汤

原料：土豆、面条鱼。

做法：1、将土豆削皮洗净，切成碎块。

2、将锅烧热，放油，入姜、葱末，将洗好的面条鱼、土豆碎块（还可放入胡萝卜）一起炖至熟烂为止，再加入香菜末、香油即可食用。

🔵 第三周

核桃瘦肉紫米粥

原料：紫米、核桃、瘦肉馅。

做法：1、将紫米，核桃洗净，核桃研碎。

2、水烧开后放入紫米，核桃和瘦肉末。

3、粥开后转小火，熬成粥。放少许盐调味。

🔵 第四周

水果发糕

原料：鸡蛋、白糖、面粉、牛奶、葡萄干、水果粒。

做法：1、用力把鸡蛋打成泡，加少许糖。

2、入面粉、牛奶搅拌均匀。

3、葡萄干与水果粒。

4、料放在屉布上，再撒上葡萄干和水果碎块。

5、锅大火蒸30分钟即可。

😊 宝宝常见的问题

宝宝为什么会口臭？

习惯不良

妈妈每天有给宝宝清洁口腔吗？没有给宝宝建立口腔清洁或刷牙的好习惯，小嘴巴当然会散发出不洁的气味。当口腔内有积奶或积存的食物残渣未能及时洗净，或嵌塞于牙间隙和龋洞中的食物发酵腐败，产生的吲哚、硫氢基及胺类就会散发出异味或臭味。

乳臭未干

以乳类食品为主食、或爱吃肉不爱吃菜的小宝宝，因为食物都是蛋白质，所以胃肠道产生的氨气、吲哚和胺类增多，也特别容易口臭，这就是人们常说的"乳臭未干"。不过，这并不算严格意义上的口臭。

消化不良

当宝宝吃零食过多、饮食不节、暴饮暴食、或吃了不洁净的食物时，加重了胃肠负担，损伤了脾胃，造成胃肠道疾病以及消化功能紊乱和消化不良的情况时，孩子就会表现出厌食、口臭、便秘等症状。

唾液减少

水和唾液在口腔中可润滑黏膜、清除微生物，维持口内环境。如果宝宝不注意补充水分，口腔中的水和唾液减少，口腔干燥，细菌分解释放、挥发性产物增多，小嘴巴就会发出臭味。

发生炎症

龋齿或牙龈炎：牙龈炎或嵌塞于龋齿洞和牙间隙中的食物发酵腐败，从而发出异味或臭味。

呼吸道疾病：如气管炎、肺炎、肺脓疡、支气管扩张等会影响消化系统功能，导致胃肠功能紊乱而消化不良产生异味，或者疾病本身导致呼出气体可带腐烂臭味。

鼻源性疾病：如鼻炎、鼻窦炎，宝宝玩耍时把异物塞入鼻腔发生腐败，或者鼻窦炎也会引起口腔异味；此外某些患有中耳炎的宝宝也会有口臭。

口腔溃疡

口腔溃疡发生的部位多见于宝宝口腔黏膜及舌的边缘，常是白色溃疡，周围有红晕，碰到的话会十分疼痛，特别是吃了酸、咸、辣的食物时，疼痛更加厉害，口腔溃疡的小宝宝更易发生口臭，并常伴有血涎。口腔溃疡病因复杂，不一定就是因为上火，很可能和宝宝偏食有关。

宝宝不缺钙为什么会枕秃？

一般家长都会习惯性地认为，有枕秃就是缺钙了，其实不完全如此。

导致小孩枕秃的因素很多。比如使用竹席、米枕等过硬的枕头；睡觉时多为仰卧；头部多汗、出现夜惊、摇头等。而针对枕秃的孩子和非枕秃孩子的对照研究也发现，枕秃是孩子很容易发生的一种生理现象，与钙、维生素D的摄入量关系不是特别明显。所以父母不要看到孩子有枕秃，就轻易地认为是缺钙，随便用药，应该带他们到医院做全面的检查。需要提醒的一点是，即便检查血钙发现没有不足问题，也不能说明就是不缺了，因为血清钙浓度并不能精确、灵敏地反映人体的钙营养情况，更为准确的方法是使用无创的超声波骨密度仪检查。

如果确为缺钙导致，一般也会伴有神经兴奋性高、睡眠不安、易惊醒、与环境因素无关的多汗等情况，而且这种缺钙准确地说并不是钙缺乏，而是维生素D缺乏，影响了钙的吸收以及钙在骨骼中的沉积。中国营养学会根据中国人生长发育推荐：宝宝6个月前每天需要的钙为300—400毫克，6个月至1岁是400—600毫克，1岁到3岁是600毫克，3岁以上是800毫克。只要达到这个标准，钙量就够了，家长应重点增加孩子的日照时间，以保证维生素D的充足，必要时，可在医生指导下服用维生素D补剂。

宝宝要做微量元素检测吗？

微量元素检测一般是在儿童出现临床症状时，才被医生推荐使用的。6个月以内的婴儿一般以母乳为主，完全可以确保充分补充各种微量元素，不必做检测。6个月以后，婴儿开始添加辅食，可能会出现添加不及时或不足的情况，这时医生会通过询问父母喂养情况，结合孩子的身体表现，决定是否进行检测。对于大一点儿的孩子，医生则会根据是否挑食、偏食，是否反复生病，是否先天不足等情况进行检测。

等到检测结果出来以后，"合格的"父母自然欣喜不已，"不合格的"父母一定是紧张万分——这两种反应都有些过头，因为微量元素检测只是一种筛查手段，其检测结果只能作为参考数值来看，孩子是否缺乏微量元素，不能简单地靠检测报告单上的数值做判断，必须结合临床症状才能作出定论。比如有的孩子明明出现了缺钙的症状，但微量元素检测结果完全可能是"正常"。因为微量元素在人体中原本含量就极少，仅仅靠几滴血做出的检测，其结果会受到很多客观条件的影响。

一般而言，缺铁的儿童多表现乏力、多动、食欲差、伤口易感染。缺锌则表现为口腔溃疡、挑食。睡眠质量差、夜惊、枕秃，则是由于缺乏钙元素且一段时间内没有补充过维生素 D 所致。只要正常进食，合理搭配膳食，孩子就不会发生微量元素缺乏。婴幼儿期的宝宝，按照医嘱补充维生素，按时添加辅食，应该不会缺乏微量元素。

如果孩子真的缺乏某种微量元素，也可以通过食物补充，通常一周内就可以达到正常指标。例如，缺铁可多吃动物肝脏、血制品及肉类，并注意补充维生素C；补锌可多吃一些动物肝脏及贝壳类海产品；补碘可通过食用碘盐、海带等补充。盲目给孩子服用补充微量元素的保健品，非但机体可能不吸收，还容易出现各种微量元素间的相互抵抗问题，钙和锌会影响铁的吸收率，铁也会降低锌的吸收率，而且微量元素补充过量还可能使人中毒。

宝宝为什么要补充鱼肝油？

鱼肝油中主要含有维生素A和维生素D。如果缺乏维生素D，钙离子便无法通过完好无损、固若金汤的细胞膜，钙的吸收率也因此而大受影响，所以服用钙剂时必须吃鱼肝油。

维生素A和维生素D是好朋友，经常形影不离，同时维生素A也是一种重要的营养素，它和增强人体的抵抗力以及眼睛视网膜(相当于照相机里面的底片)中的感光物质合成有关，所以两者一起吃对宝宝有好处。它们都是脂溶性物质，每天只要吃一次就可以了，但是钙剂最好分几次吃，一次大量服用，一旦超过了钙结合蛋白的运输能力，就会从大便中排泄掉。

如何给宝宝补充鱼肝油？

宝宝每天需要10微克(相当于400单位)的维生素D和400微克(相当于1330单位)的维生素A，一旦吃得较多，将储存在肝脏和皮下脂肪里，但是过量会引起中毒。不过，只要每天吃的维生素D不超过20—25微克(800—1000单位)，维生素A不超过2000微克 (6670单位)，就不会过量。

鱼肝油应该从宝宝出生后15天(也就是第三周)就开始补充，最初每天吃一滴。如果大便正常，一周后就可以加到每天2滴，逐渐增加，直到每天吃一丸。只要宝宝没有腹泻，就一直吃到2周岁。

在日常食物中，维生素D的含量很少，哪怕是母乳，每升中最少的只有10个单位维生素D，即使产妇服用鱼肝油，母乳中的维生素D最多也不过70单位/升，远远达不到宝宝每天需要400单位的要求。其他食物中的含量则更少，如每100克猪肝只有25个单位，每个鸡蛋不超过50单位，所以依靠食物来补充维生素D，无异于杯水车薪，远远不够。

亲子互动游戏

第一周

细心的家长会发现宝宝的记忆力似乎越来越好了，所以多带宝宝照照镜子，认识五官，认识自己，模仿妈妈的姿势和表情等等。照镜子的时候，妈妈指着宝宝的鼻子说："宝宝，这是你的鼻子"，然后让宝宝自己摸摸鼻子。用这样的方法教宝宝认识五官应该是很有乐趣的哦。

家长对着镜子做鬼脸，看看宝宝是不是也在模仿呢？这个游戏可以丰富宝宝的知识量，提高模仿能力。

第二周

本周可以和宝宝玩藏猫猫的互动游戏，以前都是妈妈藏手绢后面，突然掀掉手绢的时候宝宝会很开心，其实，宝宝也是有藏起来的欲望的，所以，可以叫宝宝起床的时候，用小毯子盖住宝宝的头，然后妈妈焦急的说："宝宝呢？宝宝不见了。"这时有些宝宝就会忍不住了，或许会自己掀开毯子的，非常好玩，或许你的宝宝现在已经开始自己把小脸藏起来让你找了，这个游戏可以说是宝宝百玩不厌的游戏哦。

第三周

本周可以让宝宝充分地表现一番。家里面的宝宝日常生活用品应该都是有规律的放置的，妈妈可以问宝宝："你的小枕头在哪里啊？"如果能拿到的就让宝宝自己去拿给你，如果是宝宝拿不到的，就抱起宝宝："妈妈找不到你的小枕头了，宝宝带妈妈去拿吧。"这样的游戏，可以帮助宝宝提升记忆力，而且能够帮助妈妈并得到表扬的事情宝宝是十分愿意干的哦。渐渐地，你会发现宝宝是你家里的得意小助手。

● 第四周

好玩的泡泡游戏，家长需要买来无毒的泡泡枪，这个游戏可以在家里玩，可以在户外玩，小孩子多的话，玩起来就更有意思了。

家长吹起长串的泡泡，宝宝看见泡泡就会很兴奋，当泡泡从高处落下来的时候，宝宝就会原地不动的坐着去抓泡泡，或者爬行去追、抓泡泡。这个游戏，可以刺激宝宝运动，提高视觉追踪的能力，和观察能力。

宝宝本月成长记录

体重	
身高	
头围	
囟门	
牙齿	
饮食	
活动	
大便	
睡眠	
其他情况	

第十二章 宝宝10个月

满十个月的宝宝，各方面能力进一步增强，与父母关系更加亲密。能叫"爸、妈"的宝宝多了起来，也会有一部分宝宝还不会有意识地叫爸爸妈妈，不用担心，这与孩子的智力发育关系不大，如果父母总是向孩子传递这样的信息，孩子就可能比较早地喊爸妈。叫名字时，他会回头；问他爸爸在哪儿，会用手指认爸爸。

此时，宝宝可以很好地手膝并用爬行了，动作非常协调。但也有的宝宝会跳过爬行而直接站立，大人拉着宝宝的手时，他也许会走上几步，甚至弯腰捡起地上的玩具。

现在，虽然宝宝还不会用语言和父母进行交流，却能以其他方式进行交流。妈妈也可以通过孩子的表情、举止，基本能够判断出宝宝的要求，宝宝也能够听懂妈妈说话的意思了。比如当宝宝指向某个东西时，就是告诉在告诉你"妈妈，我想要那个！"

他现在会经常绕着家具的边缘走动，当他能自在漫游时，他就会开始稍微放手或不再抓得那么紧。你会看到他练习用脚尖或用一只腿站，他可能只靠一只手来支撑自己就能轻松地弯身向前捡起东西。如果他确认了没有任何伤害的话，他会有足够的勇气和能力来爬上爬下。宝宝对小东西充满了好奇，他已经能够用大拇指和食指像钳子一样把小东西拣起来了。

宝宝不仅会爬，而且还爬得非常灵活，并且能往高处爬了。如果床上有叠着的被垛，可能就会爬上去了。即使宝宝从被垛上摔下来，不但不哭，可能还很高兴呢！宝宝可能会徒手向前走几步，但大部分时候还是需要妈妈的帮助。

宝宝会玩积木了，虽然不会摆，但是会一个一个装到桶里，再从桶里一块一块拿出来。会用两个玩具互相碰撞，会把球扔出去。宝宝现在有了延迟记忆能力。可以对妈妈告诉的事情、物体的名称有长时间的记忆能力，可记忆24小时以上，印象深的，可延迟记忆几天，甚至时间更长。宝宝的思维能力在这个阶段也开始有了萌芽，他意识到有时可以借助一些外在的东西帮自己解决问题。比如：通过拽桌上的桌布而拿到桌上放着的玩具。

宝宝可能越来越淘气了，你会发现对付这个小家伙可是需要很多的智慧呢！他现在已经能够听懂简单的指令，可是当你极力想阻拦他做一件事情时，他往往装作没听见，不搭理你。因此，不要频繁地阻拦宝宝的行动，只要是不危害他的健康和安全，尽量给他更大的空间和自由。这不但可以更加激发宝宝的探索欲，而且还会使你的话更有分量。宝宝开始喜欢和其他小朋友一起玩，并且很多时候会坚持自己的意愿。

宝宝现在可能可以完全靠自己拿稳杯子喝水了，他可能也可以轻松地将一勺食物送到口中。宝宝开始分辨气味，当他闻到气味不好的东西时，你发现他会做出明显的反应。虽然宝宝会走几步了，但他仍然会喜爱爬行动作。目前，爬行还是他到达某处较快且较有效的方式。

一、本月特别关注

😊 宝宝磨牙

虽然宝宝刚刚11个月，牙齿只有4—6颗，但是有时还是会发生磨牙的现象。很多妈妈认为，宝宝磨牙是因为肚里有蛔虫。实际上，宝宝磨牙主要有两个原因：如果宝宝白天受到了惊吓、害怕，睡觉时就有可能磨牙；还有些宝宝把磨牙当成了游戏，牙齿相互摩擦的声音让宝宝感到很有趣。

若想减少宝宝磨牙，爸爸妈妈注意白天不要让小儿玩得过于疲劳、兴奋，指导他们玩得愉快又轻松，尤其在睡觉前1—2 小时，不要开展紧张剧烈的活动。当宝宝把磨牙当成游戏时，不要极力阻止宝宝，更不要训斥宝宝，而要尽量转移宝宝的注意力，淡化宝宝磨牙的行为。大多数情况下，宝宝磨牙的现象会逐渐消除。

帮宝宝出行

好玩、好动、好奇是这个阶段的宝宝的显著特点，多带宝宝到户外尽情地玩耍，可以让宝宝大开眼界。如果遇到长假，父母更是可以根据天气和宝宝的身体状况带宝宝到稍微远一些的地方游玩，这对宝宝的身心发展是非常有利的。

但是，此阶段的宝宝还不适合长途旅游。父母平时不妨多带宝宝外出进行短途旅游，观察宝宝的适应能力，培养宝宝应变能力，使宝宝增长见识，积累经验。为今后的长途旅行打基础。

但是要注意，带宝宝外出旅游固然是件开心的事，父母一定作充分准备精神和物质准备。具体说就是衣食住行，各方面都要考虑细致，让宝宝在旅途中也尽量舒适、安全和愉快。

学步车的使用

使用学步车对宝宝到底有没有伤害？这个问题越来越被父母们所关注。实际上，宝宝从站立到走是一个自然而然的发展过程，不需要借助学步车这个外力工具来实现。外国研究发现，新式的婴儿学行车不但未能令婴儿早点学会走路，反而害他们较迟才学会坐立、行走、爬行，甚至连智力及身体发展也会较差。

有的全职妈妈照顾宝宝很辛苦，学步车可以帮助妈妈们减轻一些负担。但是你也许不会想到，学步车会对宝宝造成不安全的隐患。如果把宝宝放到学步车里，活动范围扩大了，使得宝宝利用自己移动的能力，触摸各种物体，反而增加了发生意外的机会。因此，为了宝宝的健康发育和安全，妈妈们还是放弃给宝宝使用学步车吧。

一般的婴儿学步车是由底轮、车身架、座椅等组成，是宝宝会走路之前的代步工具。自由自在的运动是每一个小婴儿的梦想，婴儿车帮他们圆了这个梦。那些才能坐稳的宝宝，一坐上学步车，立刻在家里飞驰了起来，借助于学步车，他们无处不到。一坐上学步车，孩子就着了迷，自如的移动让孩子陶醉，速度使孩子激动。坐上学步车，原本哭闹烦躁，时时需要陪伴的宝贝自己开心地玩上了，妈妈可以轻松一下，安心地料理家事。

很多妈妈都以为学步车可以帮助宝宝进行被动锻炼，练习走路，而科学家的研究结果却与之相去甚远：学步车不利于幼儿身心的发展。7、8个月是婴儿练习滚、爬的最佳时机，坐上学步车，行动自由被大大地限制了，练习的机会减少了；由于凭借学步车，孩子在家里可以移动自如，宝宝对滚、爬等动作的吸引力大大降低了，由于缺乏兴趣和练习，孩子运动的发展受到一定的影响。

学习行走是需要眼、手、足协调，学步车前面的安全大托盘，挡住了孩子的视线，宝宝看不到自己走动的脚，不了解自己何以走动。学步是需要花"力气"的，但由于有车轮的滑动作用，孩子的用力就可随车滑动而"行走"，依靠学步车宝贝很容易从座椅上站起来，缺乏真正的锻炼，自然不利于孩子学站练走。

有很多爸爸妈妈使用学步车是因为他们觉得学步车可以保证婴儿的安全，而统计结果却动摇了人们对学步车的信心，根据美国消费者产品安全委员会统计：每年约有8800名15个月以下的婴幼儿由于使用学步车而受伤。

学步车能赋予原本不擅移动、不知危险的婴儿以快速运动的能力，坐在学步车中宝贝每秒的移动距离可达1米，孩子的头部所占比重大、较重，又暴露在车身架的外面，缺乏安全保护，一旦从楼梯上翻下或因地面不平而翻倒，宝贝的头部很容易受伤。此外，由于孩子能够快速进入危险地带（包括利器、火炉、热水、有毒物品存放处等），使得妈妈猝不及防，因此受伤事件时有发生，包括手指夹伤、擦伤、划伤、烫伤和意外中毒。

谁也不会想到学步车会影响孩子的智力，但研究显示：使用学步车的孩子智力发育测验方面的分数低于没有使用过学步车的孩子。

孩子是通过接触、抓握、敲敲打打等学习认识物体，自由的探索有助于孩子智能的发展，学步车限制了孩子自由的活动，剥夺了孩子学习的机会，影响了孩子智力的发育。

宝宝发育有自身的规律，与神经、肌肉发育的成熟程度及视力发育密切相关。俗话说："七滚八爬周会走"，而很多妈妈早早地给小宝宝准备了学步车，宝宝才能坐稳就坐上学步车，妈妈认为这样自己既可以做家务，又可以让婴儿学习走路。过早或过多或使用学步车不当，违背婴儿生长规律人为"助走"，会对婴儿发育产生不良影响。满7个月的小宝宝就坐学步车，因个子小，坐垫过高，脚不能完全着地，只能用脚尖触地滑行。久而久之，宝宝就形成前脚掌触地的"欠脚"走路姿势。经过一段时间，"欠脚"走路的姿势多可以纠正。

学步车对于成长中的宝宝，无疑是弊大于利，妈妈爸爸在给宝宝添置玩具时，还是将学步车放一放吧。如果一定要尝试一把，保证孩子的安全是首要的。

224

制止宝宝的不好行为

随着婴儿的手脚能自由地活动，小家伙的本事也越来越大了，就会做出各种各样的"淘气"事。婴儿期的宝宝处于完全的自我阶段，他会不加约束地做自己想要做的一切。什么是对与错，大人喜欢与否他都不知道。在婴儿看来，"什么都想做"，是为了验证自己的能力。其中有给大人的生活带来麻烦的"淘气"，也有令大人高兴的行为而使大人喜笑颜开。可对婴儿来说，哪一种事情都是相同的，都是"尝试"，大人喜欢与否，他并不知道。

面对宝宝错误的行为，父母不能放任不管。有些父母认为，孩子那么小说他也没有用，这是因为在应该批评孩子的时候而没有批评的缘故。当宝宝做错事的时候，父母的态度要明确、表情要严肃、语气要严厉，这样宝宝就会意识到自己所做的事情是不对的。这阶段的宝宝虽然还不太会说话，但对于大人的感情变化，宝宝从小就很敏感的。父母要注意，对于宝宝的"淘气"，严厉的制止是可以的，但是不要体罚。体罚会导致宝宝疏远大人，而自尊的缺失还会造成宝宝更加的逆反。

婴儿做了大人不喜欢的事情时，并不是可以放任不管。如吃饭的时候，因笨拙而把咖啡杯弄翻了，这不是婴儿故意做的，而要怪母亲不应该把咖啡放在婴儿能弄翻的地方。但是，在婴儿把手中拿着吃的面包扔到桌子的下面时，就应该让婴儿意识到这是大人不喜欢的行为。最初做的时候，要稍微绷着脸、瞪着眼睛对他说："干什么呢？"过一会儿，他还想再次扔时，就要预防性地说："不可以！"这样婴儿就会意识到这样的事情是母亲不喜欢的事情。

当婴儿停止扔面包的时候，要适时表扬他："真是好孩子。"对于婴儿来说，好坏的区别在于母亲的脸色是高兴还是生气。刚过10个月的婴儿还不知道什么是好、什么是坏，因此不管婴儿做什么都不制止而放任不管，这是不对的。现在有的母亲，无论婴儿做什么都不批评，而说"说他也没有用"，这是因为在应该批评孩子的时候而没有批评的缘故。最好能让婴儿早些知道，在行为方面，那些是母亲喜欢的，那些是母亲不喜欢的。对于母亲的感情变化，婴儿从很小就很敏感。虽然婴儿还不能判断什么是好坏，但母亲是高兴、还是生气，10个月的婴儿已经能感觉到了。如果婴儿认为母亲对自己绝对不会发脾气，就会自信地利用母爱，这样一来，觉得这次的批评只不过是一种表演罢了，从而使母亲说的话没有效了。

婴儿常在吃饭时故意把勺扔到地上让母亲捡，母亲捡起来给他，他还扔。

婴儿一边用"母亲生气了吧"的表情看母亲的脸，一边往地上扔。这是婴儿在做"母亲没有真生气，什么样的行为让母亲生气呢"的测试。不能给婴儿测试的机会。从开始的时候就应该让婴儿看到母亲的脸是严厉的。为了不给婴儿测试的机会，捡起勺子后，就不再递给婴儿。

生气的样子也只有偶尔表现出来才能有效。如果总是一副生气的脸色，婴儿就会认为母亲就是那样的人。也有的婴儿总是做不该做的事，对这样的婴儿，就只能对某种特定的危险的行为，做重点的批评，最重要的是要把他能用来"淘气"的东西收拾好。

对于婴儿的"淘气"行为，严厉的制止是可以的，但是体罚就不好了。体罚会导致婴儿疏远母亲，失去与母亲感情上的共鸣。母亲高兴，婴儿就高兴，因为母亲与婴儿间有这种共鸣，所以婴儿能体会到母亲的喜悦。

二、和妈妈有关的话题

🙂 如何喂养

● 第一周

有的宝宝不爱吃菜，愁坏了妈妈。于是有的妈妈就买来一些婴幼儿用的维生素等各种补品，有的妈妈时不时给孩子吃一些小中药以用来开胃健脾，还有一些妈妈用水果来补偿孩子不吃菜而少摄入的维生素，其实这些做法都无法完全代替蔬菜的作用。

补品、中药过量对身体都不利，而且市场上的婴幼儿补品鱼龙混杂，最好真正需要时在医生指导下选用。"药补不如食补"，这句老话还是很有道理的。而水果大多为寒凉之品，伤脾胃，因此，小儿不宜多吃水果，一定要有节制。

● 第二周

现在的宝宝，在继续坚持每天保证奶量的同时，辅食已慢慢变成主食了。作为宝宝的大厨师你还要切记一些小细节：

• 不吃生硬带壳的食物，如桂圆、黑瓜子；

- 不吃刺激性食品，如酒、咖啡、辣椒、胡椒；
- 一些豆类在没有磨碎前也不要给宝宝吃；
- 鱼、虾、排骨等要认真检查没有刺及骨渣后才可以给宝宝；
- 少吃容易产生气胀的食品，如洋葱、生萝卜；
- 少吃或不吃含糖量过高的食物如巧克力等。

● 第三周

当宝宝正在断奶或不爱吃饭时，妈妈就要在吃上多下一些工夫啦，可以购买一些介绍宝宝美食的书籍或向有经验的网友妈妈取经。

尽量把添加的辅食，比如面条、菜粥、小花卷、包子等，做得味道好一些，花样多一些，甚至可以用漂亮可爱的小餐具来增加宝宝的食欲。同时应定时定量，重要的是要保证孩子不是因为饥饿的原因想吃母乳。

依赖母乳的宝宝，除了是因为饥饿，更重要的是要寻求一种安慰来满足情感上的需求。所以可以在白天给宝宝安排丰富多彩的活动，让他充实起来，玩一些以前我们没有做过的小游戏来吸引他，当孩子有事可做时，常常忘却了这种吃奶的需要。

227

● 第四周

我们还要再次强调：断奶只是断母乳，专家建议有条件的话婴幼儿专用配方奶要喝到三周岁。豆浆等任何液态食品都无法取代牛奶。也不是说到了一岁就要马上断奶，如果不影响宝宝对其他饮食的摄入、也不影响宝宝睡觉的前提下，儿科医生建议母乳喂养最好能够喂到一岁。一般情况下，断奶要三四天时间。就算宝宝很不适应，断奶也最好在一周之内完成。尽管最初断奶时宝宝会有急躁的反应，但妈妈要给宝宝更多爱抚，同时不要一味迁就他，以免不能成功断奶还纵容了宝宝的坏脾气。

👶 为宝宝做些什么?

● 第一周

•宝宝可能对某些熟悉的玩具感到厌烦了,假如他对某些玩具不感兴趣,暂时将它们收起来。

•不要过多干预孩子,只要没有危险,尽量让宝宝做他想做的事。

•宝宝可能越来越喜欢上饭桌和大人一起吃饭,这是培养宝宝进食兴趣的好时机,但要注意,不要烫着宝宝的小手。

● 第二周

•当宝宝指着一个东西时,妈妈顺便把那个东西的名称告诉宝宝。

•锻炼宝宝的手指灵活程度,在保证安全的情况下,让他尽量捏起小物品。

•宝宝越来越有劲了,可能会把台灯、暖瓶、杯子打翻,因此,有危险的物品一定要远离宝宝。

● 第三周

•由于宝宝已有了最初的思维能力,和宝宝做游戏时,不再都是直观的游戏了,要适当增加能促使婴儿思维的游戏项目。

•虽然宝宝吃饭还不能离开大人喂,但你可以继续鼓励宝宝自己吃饭。

•现在,可以给宝宝在图画书上认图、认物。

● 第四周

•当宝宝受挫了,他可能会闹脾气.每当这个时候,妈妈一定要保持冷静,控制自己的情绪。

•宝宝现在非常喜欢模仿,多给宝宝提供模仿你的机会,表情、语调、姿势都可以。

•虽然不能频繁地对宝宝说"不",但是一些规矩还是非常有必要的。当宝宝试图破坏规矩时,你的态度一定要坚决,而且必须是持久的统一。

😊 妈妈常见的问题

宝宝摔倒了你该怎么办?

父母要给孩子锻炼的机会,从小养成战胜困难的顽强品格,如果一摔倒,父母马上就把孩子扶起来,就会削弱孩子克服困难的决心。不要小看这一小小的举动,培养孩子就是从点滴开始的。

宝宝的某一种能力落后怎么办?

宝宝的运动能力有差异,并不是到了某一个月,就必须具备某一种能力,可能会晚些,也可能会早些,父母不要担心。单纯一项运动能力稍微落后些,不能就认为孩子发育落后,要看孩子总体发育的情况。

宝宝不喝奶瓶怎么办?

有的宝宝就是不爱用奶瓶(特别是出生后曾吃过母乳的宝宝),弄得妈妈不知如何是好,当宝宝不接受橡胶奶嘴时,妈妈可以试试这些办法:

1、用奶瓶喂奶时,不要将奶嘴直接放入宝宝的口里,而是放在嘴边,让宝宝自己找寻,主动含入嘴里。

2、把奶嘴用温水冲一下,使其变软些,和妈妈乳房的温度相近。

3、给宝宝试用不同形状、大小、材质的奶嘴,并调整奶嘴孔的大小。

4、试着用不同的姿势给宝宝喂食。

5、喂奶前抱抱、摇摇、亲亲宝宝,在地上抱着宝宝走一走,使宝宝心情愉悦,这时再喂奶瓶可能会更好些。

特别值得一提的是,喂奶瓶时,用妈妈的衣服裹着宝宝,让宝宝闻到妈妈的气味,会极大降低宝宝对奶瓶的陌生感。如果宝宝仍拒食奶瓶,可改用杯子、汤匙喂食。

混合喂养要注意些什么?

千万不要将母乳和牛奶混合着喂,吃母乳就吃母乳,喝牛奶就喝牛奶。不要先吃母乳，不够了，再冲奶粉。这样不利于消化，也使宝宝对乳房发生错觉，可能引发厌食牛奶，拒吃奶瓶。一顿喂母乳就全部喂母乳，即使没吃饱，也不要马上喂牛奶，下一次喂奶时间可以提前。如果上一顿没有喂饱母乳，下一顿一定要喂牛奶；如果上一顿宝宝吃得很饱，到下一顿喂奶时间了，妈妈感觉到乳房很胀，奶也比较多，这一顿仍然喂母乳。这是因为，母乳不能攒，如果奶没有及时排空，就会减少乳汁的分泌，因为母乳是吃得越空，分泌得越多。所以，不要攒母乳，有了就喂，慢慢或许就够宝宝吃了。

混合喂养需要充分利用有限的母乳，尽量多喂母乳。母乳是越吸越多，如果妈妈认为母乳不足，就减少母乳的次数，会使母乳越来越少。母乳喂养次数要均匀分开，不要很长时间都不喂母乳。

千万不要放弃母乳，混合喂养最容易发生的情况就是放弃母乳喂养。母乳喂养，不单单对母婴身体有好处，还对心理健康有极大的益处，母乳喂养可以使孩子获得极大的母爱。况且，有的产妇奶下得比较晚，但随着产后身体的恢复，乳量可能会不断增加，如果放弃了，就等于放弃了宝宝吃母乳的希望，希望妈妈们能够尽最大的力量用自己的乳汁哺育可爱宝宝。

三、和宝宝有关的话题

宝宝成长指标

第一周

10个月宝宝体重、身高参考值：
- 男婴体重7.4—11.4kg，身长68.7—77.9cm；
- 女婴体重6.7—10.9kg，身长66.5—76.4cm。

社会发展：
- 开始学习性别辨认。
- 帮助自己穿衣。
- 喜欢游戏，如捉迷藏，在地板上前后滚动。
- 故意掉东西让他人捡。

生理发展：

•会爬上爬下椅子。

感官与反射

•能够区分双手的使用。

心智发展：

•喜欢拆开及重组东西。

•会打开抽屉和柜子探索里面的东西。

● 第二周

生理发展：

•沿着家具漫游。

心智发展：

•会模仿语言的旋律，音调变化和面部表情。

感官与反射：

•会捡起极小的东西。

•会握住杯子以及用杯子喝水。

社会发展：

•不会总是合作。

•碰到陌生人会退缩。

● 第三周

生理发展：

•站着时会靠着支撑前倾。

•会蹲、会弯腰。

感官与反射：

•帮他穿衣时会伸出臂膀及腿配合。

•会拿起盒盖。

心智发展：

•会说几个可理解的字。

社会发展：

• 在小朋友间有自己的主张。

第四周

生理发展：

• 会跨出一步而不用靠东西辅助。

• 会用脚尖站。

• 会将勺送到嘴里。

感官与反射：

• 会翻书页。

• 会扯掉鞋子和袜子。

心智发展：

• 以充满音调的方式说长的儿语句子。

社会发展：

• 寻求赞同。

• 和另一个孩子从事相对的游戏。

营养食谱

第一周

海带细丝小肉圆

原料：海带、瘦肉馅、葱姜盐。

做法：1、将海带洗净后切成细丝。将瘦肉馅、葱姜末、盐搅拌，制成小肉圆。

2、将水煮沸下肉圆与海带丝，煮沸后再煮5分钟后关火即可。

第二周

海鲜蛋饼

原料：三文鱼、虾、鸡蛋、洋葱。

做法：1、三文鱼去骨，虾去皮，剁成泥状。

2、鸡蛋打匀，葱头剁碎，将以上原料拌在一起备用。

3、平底锅加热放黄油，把上述备用料摊成一个小小圆饼，抹上番茄沙司即可。

● 第三周

花豆腐

原料：豆腐、青菜、鸡蛋、盐。

做法：1、豆腐蒸后研碎。

2、青菜叶洗净后用开水烫一下，剁碎。

3、鸡蛋煮熟，取出蛋黄备用。

4、将豆腐、青菜拌在一起，加适量盐，将鸡蛋黄研碎撒在上面。

5、吃时上锅蒸5—8分钟。注意豆腐不要煮老，青菜不要用菠菜代替。

● 第四周

火腿土豆泥

原料：火腿肉、土豆、黄油。

做法：1、土豆蒸熟后去皮碾碎。火腿肉切碎。

2、把土豆泥、碎火腿拌在一起，加入一小块黄油。

3、吃时上锅蒸5分钟。

宝宝常见的问题

宝宝老爱揉眼睛是不是过敏？

如果孩子是过敏体质，食用海鲜、牛奶、鸡蛋等食物则可能出现过敏。可家长如何判断孩子是过敏体质呢？专家提醒，家长可以从一些细节来观察，如有的孩子老爱揉眼睛，就可能是过敏体质。如孩子早晨起床后就咳嗽、流鼻涕、打喷嚏，或孩子经常有揉眼睛、擦鼻子这些习惯动作，都提示孩子有可能是过敏体质。

此外，有过敏性哮喘或过敏性鼻炎家族史，春季容易出现眼睛发红、流鼻涕，小时候出过湿疹，平常总感觉身上瘙痒，患过荨麻疹的儿童，也都可能是过敏体质。对于过敏体质的儿童，家长要尽量让孩子远离可能致敏的食物，避免冷空气刺激，避免杨絮、柳絮等刺激。

如何给宝宝喝水更健康？

经济实用的儿童饮料莫过于白开水了。因为纯净的白开水最易于解渴，进入体内后最容易透过细胞膜，促进新陈代谢，调节体温，输送养分，清理身体内部的"垃圾"。科学研究发现，煮沸后自然冷却的凉开水能增加血注液中血红蛋白含量，增进机体免疫功能，提高人体抗病能力；习惯于喝凉开水的人，体内脱氢酶活性高，肌肉内乳酸堆积少，不容易产生疲劳。

喝白开水也是有学问的，烧开后冷却4—6小时内的凉开水，是最理想的饮用水。长期贮存以及反复倾倒的凉开水会被细菌污染，所以每次煮的水不要太多。

其次，纯净水更为干净，但长时间引用纯净水，对身体不好。因为从纯净水的工艺流程来看，它进行了多次净化，水中的细菌等污染物被除去，同时也除去了钾、钙、镁、铁、锶、锌等人体必需的矿物质，这样一来，宝宝在喝水的时候就不能像饮用自来水一样得到人体一些必需的矿物质，长期喝这样的水，对宝宝的健康不利。所以，最好不给宝宝饮用纯净水。

婴儿专用水是一种天然山泉水，纯净安全，不含杂质。各种微量元素及矿物质更适合宝宝的身体，能呵护宝宝肾脏，可冲调配方奶、米粉和果汁，具有超强溶解力和渗透力，是婴儿配方奶粉、米粉和果汁的最佳冲调水，缺点是价格较贵。

矿泉水中的矿物元素和微量元素是必需的营养素，有益于人体健康。但矿泉水中含有多种矿物质，对于发育并不完善的小宝宝未必好。婴幼儿具特殊的生理结构：肠胃、肾脏功能发育不全。由于婴幼儿肾脏和其他器官发育不完善，肾小球的滤过、肾小管的浓缩及再吸收和排泄功能均较差，因此排出废物时需要更多的水分，矿泉水中的过多微量元素会加重宝宝的肾脏及肠胃负担。所以，矿泉水不一定适合小宝宝。建议冲调奶粉还是用白开水。

TIPS

1、温度适宜。过冷或过热的水，都会损伤宝宝娇嫩的胃黏膜，影响消化。一般来说，给宝宝喝的水应该是夏天喝室温下的白开水，冬天则在摄氏20℃—30℃左右最适宜。

2、喝白开水时不要在里面放蜂蜜(1岁以内宝宝不适合食用蜂蜜)或是葡萄糖，一旦宝宝爱上甜味饮料，将更不爱喝白开水。

3、少喝饮料。各种果汁、汽水虽然在口味上很吸引宝宝，但饮料里往往含有较多糖分和电解质，虽然口感很好，但是喝下去容易长时间滞留在胃部，对胃肠道产生不良刺激，影响宝宝的消化和食欲。所以，妈妈们不要用饮料代替白开水给宝宝喝。

4、不要等宝宝口渴才给他喝水。如果宝宝已经出现口干、尿少尿黄、便秘等现象，就说明宝宝身体需要补水啦！因为，当宝宝感到口渴时，身体内的细胞就已经缺乏水了，即使是这样，对宝宝健康成长也会产生不利的影响。所以，父母应随时为宝宝准备温度适宜的水，并及时提醒宝宝喝水。

亲子互动游戏

第一周

本周可以跟宝宝一起亲手制作小乐器了，宝宝完成后一定很有成就感的。

准备口大点的小瓶子和一些大芸豆，家长引导宝宝每次用小手抓一个豆子，放进小瓶子里，在放入两三个豆子后，家长把瓶子的盖子盖好。摇晃瓶子会发出声音，宝宝会很高兴。如果瓶子多的话，可以多做几个这个样的小乐器，然后打开欢快的儿童歌曲，跟着音乐伴奏吧。

这个游戏可培养宝宝手眼协调、抓物入瓶的能力，另外还可培养宝宝的注意力。

第二周

本周小游戏可以帮助宝宝学会"推"的能力。家长可以和宝宝一起搭积木，当积木搭高或者搭建成墙的时候，可以引导把积木宝宝推倒，可以是双手也可以是单手推倒练习。哗啦啦的声响会让宝宝非常高兴。还有小型不倒翁和充气宝宝等高不倒翁都可以练习宝宝推的本领。这个本领可以增强宝宝上肢力量，有助于宝宝上肢用力扶物行走。

● 第三周

在家里玩儿翻山越岭的游戏。家长把卧室或者客厅设计成一个宝宝翻山越岭的乐园，准备靠垫、毯子、大型毛绒玩具等等，将这些设计成路障铺在地上，有玩具的地方引导宝宝绕过障碍爬行，有靠垫的地方引导宝宝翻越这个山丘，在毯子上可以说这里是草地，可以让宝宝自由爬行过去，也可以家长握住宝宝双手慢慢地走过草地。

这个翻山越岭的游戏，在家里可以说是宝宝大运动训练的首选游戏。

● 第四周

本周可以训练宝宝"舀"的能力。准备凹度比较深点的勺、口大的小碗、碟子或者小盆一个、一些黄豆或者绿豆、红豆等等。家长先进行示范，用勺去舀碗里面的黄豆，然后把勺里面的黄豆倒在小盆里，然后让宝宝去模仿完成动作。如果宝宝玩的很好了，可以丰富游戏内容，准备一些小熊、小猫等毛绒玩具，让宝宝用小勺去舀一些食物喂给小动物们吃。这个游戏可以锻炼手眼协调的能力，小手肌肉的控制能力和小手腕翻转倒出物品的能力。

宝宝本月成长记录

体重	
身高	
头围	
囟门	
牙齿	
饮食	
活动	
大便	
睡眠	
其他情况	

第十三章 宝宝11个月~12个月

进入婴儿期的最后一个月，宝宝的能耐可是越来越大了。他现在可以抓着你的手走得很好，他喜欢不停地动，动作会让他兴奋。他现在的手眼协调表现得更好了。他有足够的控制力能将汤匙放进嘴里，他现在可能会使用左手或右手，在以后的一段时间中，宝宝来回交换使用双手是常有的情形。随着宝宝对于走路信心的增加，他会偶尔放开支撑他的东西。

现在，你需要当个热心听众，因为此时的宝宝非常热衷于叽里呱啦地"说话"。宝宝的嘴里不断涌出一个个词语和像说话一样的声音，而且他已经能用这些词语表达自己的意思了。因此，多对宝宝作出回应，会更加激发宝宝说话的兴趣。

到了这个阶段，你的宝宝会有较长的时间保持清醒。他会白天睡得较少，而夜晚睡得较长。宝宝不但能认识亲人，还能分辨生人和熟人。宝宝经常看到的人，他会一眼认出来，对着他们笑。如果从来没有见过的人，宝宝会瞪大眼睛很警惕地看着他们。如果陌生人勉强将宝宝抱过去，他可能会使劲挣扎，或许会哭。如果宝宝看到妈妈抱别的孩子了，他会表现出生气、着急。

宝宝的活动能力增强，得到了更多训练的宝宝已经会离开妈妈自己蹒跚走路了。有的宝宝还需要妈妈扶着。他对你所做的事会非常感兴趣，他能够模仿你及其他家人使用某个物品。大人教他做过的动作，宝宝就会表演。如果你的宝宝说话早，还能够模仿小动物的叫声，甚至能用语言表达简单的要求。

现在，宝宝的注意力能够有意识集中在某一件事情上，这使宝宝的学习能力有很大提高。也许你发现，宝宝对家居物品的兴趣远远超过了玩具，他可能很喜欢梳子、手机、遥控器、小药盒等物品。现在，宝宝虽然还不会说很多话，却能听懂许多话的意思了，他与周围人交流的方式越来越丰富，会招手、鼓掌、再见……

宝宝的活动能力很强了，学会爬行与站立让他的知觉更敏锐。通过他自己的尝试，他也了解到同样的物品可以用不同的方式来使用和玩，也了解物品和他是分别存在的，他开始将自己看成是周围世界的一部分了。宝宝会不断地重复做某件事，他可并不是想惹恼你，他的行为只是反映了他对世界的经验和理解还有限。

祝贺啊，宝宝马上就要过一岁生日啦！经过了365个日日夜夜，宝宝在妈妈的呵护下，已经从一个柔弱的、嗷嗷待哺的小婴儿，变成了一个眼观六路、耳听八方的机灵鬼。宝宝在第一年中，经历了不可思议的变化，他的大脑已长到将近成人的60%，他的视力几乎已成熟。

现在，宝宝喜欢找伙伴玩了，开始了最初始的社交活动。当看到和自己差不多大的孩子，会很高兴，拉拉手，摸摸脸，很亲热的样子，这与过去有很大的区别了。他不但能听懂父母许多话的意思，还喜欢听父母讲故事，念儿歌，这可是宝宝不小的进步哟！

一、本月特别关注

为宝宝准备生日

宝宝马上就满周岁啦，那个值得庆祝的日子即将来临。小宝宝在爸爸妈妈的精心呵护下一天天健康、快乐地长大了，如何给宝宝过一个有意义的生日呢？

拍照留念

选择一家专业儿童摄影店为宝宝拍摄生日照。要从以下四个方面对影楼进行考察：

环境：店内空间要大，有专门让宝宝玩耍的地方，影棚内的温度控制在28℃左右，通风设备较好；摄影器材：摄影店内的拍照设施要专门为宝宝准备，这样可以减少灯光对宝宝柔嫩肌肤和眼睛的损害；卫生：摄影店必须保证服装能定期清洗消毒；服务：如果有位专业人员陪宝宝玩，让宝宝放松心情，再引导宝宝就能做出各种可爱的POSE。

邀请小朋友到家里来做客

邀请同事、朋友、邻居带着宝宝到家里来开生日party。把整个房间划分为几个区域，如：主游戏区、食物供应区、礼物区、家长聊天区、卫生区和宝宝休息区。这样宝宝既可以收到很多的生日礼物和祝福，也结识了很多新朋友。

给宝宝准备十几件抓周的物品

如：书，代表学者；印章，代表会做大官；钱币，代表将来很富有等。将这些物品摆在宝宝面前，让宝宝任意抓取，以此预测宝宝将来会选择的行业与命运。以下是每项物品所代表的职业与意义，你也可以自行加入些新时代的用品，如鼠标等。

其实，在为宝宝抓周时，趣味性应高于对宝宝的期盼，才能真正共享抓周之乐。

物品	意义
书	会读书适合做学者、专家
笔墨	会成为作家、画家
印章	有权势，会做大官
算盘／计算器	会当商人、会计师，适合从商
钱币	将来会很富有
鸡腿	有福气，表示一生将不愁吃穿
尺	表示将来可成为设计师、建筑师
葱	代表聪明
蒜	代表善于计算
芹菜	代表勤劳
稻草	适合农事工作
刀剑	能当军官、警察
听筒	适合医护工作

🙂 宝宝排便训练

家长们常形容养孩子是"一把屎一把尿地拉扯大"，话虽不雅，但却是如此。特别是在中国的传统生活习惯下，让宝宝尽早养成良好排便习惯更是家长们关心的问题。

便秘、尿床、尿裤子、拉裤子……这些都有可能是排便训练进行的不及时、不正确所导致的。再加上，近些年来，国际上对宝宝长期用纸尿裤会导致不良后果的报道越来越多，所以训练宝宝的排便就显得更加重要了。

一般说来，11—12个月的宝宝每天都基本上能够按时排大便，形成了一定的规律，每天定时让宝宝大便，成功的机会也多起来。有的宝宝已经可以不用尿布了，但是这时的宝宝还不能自己有意识地控制大小便，只是反射性地排便排尿。

宝宝此时还不会说话，不能表达自己的需求，还是要靠大人多观察，掌握宝宝的排便规律。比如有的宝宝在排尿前会轻轻打个哆嗦，南方话里叫"尿（su?）头嗦"；有的宝宝排大便前脸部会有表情，自己会"嗯嗯"地示意。只要大人留心，宝宝在白天就可能少尿湿几次衣裤。这时不少宝宝已经可以整晚不尿，或是只需尿一次了。也有的宝宝穿着纸尿裤睡觉，妈妈和宝宝都可以睡个好觉，如果是在较凉爽的季节也未尝不可。

但这时要注意，不能因为怕宝宝尿湿衣裤，就过于频繁地把宝宝小便，甚至带有强迫性质，这样有可能会造成宝宝尿频，也不利于增加膀胱的贮尿量，延长宝宝排尿间隔，反而使宝宝稍有尿意就会排尿，控制能力得不到锻炼。

也有的宝宝尚未形成规律，需要父母给予更多的关注和照料。许多宝宝在大便前会有一些表现，细心的父母一定会从中发现一些规律。父母一定要有耐心，坚持按照一定时间规律给宝宝把便，但一定不要强迫，如果宝宝反抗，不肯配合，或超过5分钟宝宝还不肯排便的话，就不要再勉强他了。

🙂 宝宝厌食、挑食

厌食、偏食是小儿时期的一种常见病症，如果不及时调整，会导致宝宝发育迟缓，体质下降，影响宝宝的生长发育。导致宝宝厌食挑食的原因很多，最常见的有以下几种：

1、宝宝偏食、厌食，往往受家人尤其妈妈的影响，家人对某种食物的喜好往往会影响宝宝。

2、父母都希望宝宝通过食物摄取足够的营养，当宝宝拒绝吃某种食物时，如果父母过于强制地给宝宝喂，宝宝产生了心理压力，会进一步强化他对这种食物的厌恶。

3、宝宝过多地吃零食、冷饮，伤了脾胃，而出现厌食。

实际上，大部分厌食或挑食的宝宝都是由于父母在护理孩子时方法不当所致，真正能称得上"厌食症"的，真的是微乎其微。因此，如果你认为自己的宝宝吃饭不好，要先检查一下自己的喂养方式是否有问题。其次看一看孩子的生长发育情况，如果宝宝发育正常，精神、睡眠都很好，那么就请妈妈尊重孩子自己的饭量吧！

那么，家长该如何应对小儿厌食呢？首先要带孩子到正规医院儿科进行全面细致的检查，排除那些可以导致厌食的慢性疾病，然后，父母在家中做好以下几点：

1、合理安排膳食，饮食要规律，定时进餐，保证饮食卫生，生活规律，睡眠充足，定时排便，营养要全面，多吃粗粮杂粮和水果蔬菜，节制零食和甜食，少喝饮料，尤其是冷饮。

2、改善进食环境，吃饭要有固定的地方，尽量不要谈论和吃饭无关的事情，使孩子能够集中精力去进食，并保持心情舒畅。

3、加强精神护理，让患儿保持良好的情绪，不能采用打骂，恐吓，惩罚等方式，以免引起孩子的反感，更加厌食。

4、不要盲目吃药，可以在医生的指导下服用药物。

5、做到以身作则，给孩子一个好的榜样。要记住，父母是孩子的老师，有一个挑食的妈妈，那就不要责怪孩子挑食了，一个好的行为，才会有好的收获。

宝宝学走路

学会走路，是件让人兴奋又骄傲的事。意味着宝宝脱离了完全依赖于父母的时期。当你的宝宝已经学会扶着栏杆的站立，并表现出往前移动的愿望时，这表示，从现在开始，宝宝要开始学步了，但从扶走到独自走，还有一个相当长的过程。每一个孩子在学会走路时，就像一扇大门在他们面前敞开了，他们可以独立地去探寻这神秘的世界。自由行走为宝宝带来了新的人生，随着学会自己走路，他们的情绪和行为也将发生很大的变化。那么，爸爸妈妈该如何引导宝宝学走呢？

1、可以让宝宝扶着家里某处的小栏杆练习走，妈妈拿着玩具逗引宝宝，鼓励宝宝向前迈步。

2、纸箱法：找一个比较坚固的纸箱，让宝宝推着往前走。

3、木棒法：妈妈和爸爸双手拿着小木棒的两头，让宝宝抓住木棒的中间部位，一步步后退着引导宝宝向前走。

在这个过程中，了解宝宝学步期的关键问题，无疑会对孩子的学步起到辅助作用。

宝宝走的动作发展阶段

第一阶段10—11月：此阶段是宝宝开始学习行走的第一阶段，当宝宝的扶和站已经很稳了，甚至还能单独站一会儿了，这时就可以开始练习走路了。

第二阶段12个月：蹲是此阶段重要的发展过程，父母应注重宝宝站——蹲——站连贯动作的训练，如此做可增进宝宝腿部的肌力，并可以训练身体的协调度。

第三阶段12个月以上：此时宝宝扶着东西能够行走，接下来必须让宝宝学习放开手也能走二至三步，此阶段需要加强宝宝平衡的训练。

第四阶段13个月左右：此时父母除了继续训练腿部的肌力，及身体与眼睛的协调度之外，也要着重训练宝宝对不同地面的适应能力。

第五阶段13—15个月：宝宝已经能行走良好，对四周事物的探索逐渐增强，父母应该在此时满足他的好奇心，使其朝正向发展。

当宝宝开始走路时，就说明他已经具备以下3项能力

1、能自主性的握拳，并随其意志使用手指及脚趾。

2、腿部肌肉的力量已经足以支撑本身的重量。

3、已经能灵活地转移身体各部位的重心，并懂得运用四肢，上下肢各动作的发展也已经能协调得好。

有可能出现的骨骼问题

一些宝宝在学走路时会出现踮脚尖走路的行为，父母可观察宝宝踮脚尖走路的频率来判断是否为异常现象，如果宝宝有用踮脚尖的方式走路，有时恢复正常状态，则不必过于担忧。

许多刚学会走路的宝宝最容易发生意外就是扭伤，再加上这时候的宝宝通常不能表达得非常清楚，父母就要细致观察宝宝的一举一动来得知。

适宜宝宝的辅助方式

1、父母可利用学步用的推车或是学步车，协助宝宝忘记走路的恐惧感觉学习行走。

2、训练宝宝学习蹲——站的方式为父母将玩具丢在地上，让宝宝自己捡起来。

3、父母可以各自站在两头，让宝宝慢慢从爸爸的这一头走到妈妈的那一头。

4、让宝宝练习爬楼梯，如家中没有楼梯可利用家中的小椅子，让宝宝一上一下、一下一上地练习。

5、可利用木板设置出一边高、一边低的斜坡，但倾斜度不要太大，让宝宝从高处走向低处，或由低处走向高处，此时父母须在一旁牵扶，以防止宝宝跌下来。

244

二、和妈妈有关的话题

如何喂养

○ 第一周

有的宝宝不爱喝牛奶，妈妈就用酸奶或乳酸奶代替。虽然酸奶本身也有不少营养价值，但酸奶中的乳酸会对宝宝的肝脏发育不利。

市场上还有乳酸菌饮料与乳酸饮料两种产品。前者是以鲜奶为原料进行发酵，添加水和增稠剂经加工制成的。后者是以鲜奶为原料，加入水、糖、酸味剂等调制而成的。两者的区别在于一个是通过乳酸菌发酵生产的，一个是通过添加酸味剂生产的。从营养价值上看，牛奶和乳酸菌饮料相差悬殊。

牛奶中营养素的含量比乳酸菌饮料高得多，其中蛋白质、脂肪、铁和维生素的含量均是乳酸奶饮料的3倍以上。

● 第二周

可以让宝宝尝试以牛肉蔬菜燕麦粥。燕麦的营养价值比大米高，它含有丰富的蛋白质，包含宝宝生长发育的8种氨基酸，尤其是大米和小麦中缺乏的赖氨酸和蛋氨酸，非常适合宝宝消化系统未完全发育成熟的特点。燕麦还能够刺激宝宝的肠蠕动，减少胆固醇的吸收，有利于便秘的治疗，清除肠道内垃圾，减少肥胖症的可能。

● 第三周

各种蔬菜水果含有不同的营养素，随着宝宝饮食中母乳或配方奶的减少、各种辅食的增加，宝宝便秘的可能性也在增加，蔬菜和水果中的膳食纤维可以很好的缓解这种状况。深色蔬菜如胡萝卜、油菜、小白菜、菠菜等是维生素A的主要来源，并含有一定的钙和铁。当然浅色蔬菜如白萝卜、花菜、卷心菜、大白菜等也含有丰富维生素C和矿物质。此月龄宝宝每天应吃深色蔬菜与浅色蔬菜各一两。

水果所含的纤维素也是宝宝膳食纤维的主要来源，宝宝每天还应保证一两水果的摄入。蔬菜和水果不能互相取代，宝宝的日常饮食中这两类食物都要按需要添加。

● 第四周

现在，你的宝宝可以吃的食物品种不断增多，宝宝需要从植物油中摄取植物脂肪，但是要控制油的摄入量。这个月龄的宝宝只要十克就够了。妈妈要注意不要养成宝宝偏食的习惯，而是要纠正宝宝不爱吃菜的习惯，妈妈需注意以下四大原则：

- 少吃零食，特别是膨化食品。
- 不要让孩子意识到自己不爱吃菜。
- 换各种方式来烹调。
- 饭前不要给宝宝吃其他食物。

为宝宝做些什么？

第一周

- 宝宝人生中的第一个生日快到了，这可是宝宝一个重要的里程碑，不妨现在就开始为宝宝准备过生日吧！
- 宝宝仍然处在亲子依恋的高峰期，还会出现分离焦虑，所以主要看护人不要和宝宝长时间的分开，以免引起宝宝的不安全感。
- 你一定要限制宝宝看电视的时间，最好不看电视。

第二周

- 现在可以开始训练大小便了，但不能指望能很快奏效。如果宝宝配合，可以训练下去，如果孩子反对妈妈这样做，不要勉强。
- 随着宝宝长大，户外活动范围增加，游戏项目也增多了，意外事故发生的机会也随之增加。父母仍要把预防意外事故当作重点。
- 在给宝宝选择玩具时，要考虑到玩具是否容易清洗、消毒。带有木刺的或坚硬的玩具容易擦伤婴儿，不宜选择。

第三周

- 宝宝还处在学步阶段，摔倒是避免不了的。父母要下一下决心，当宝宝摔倒时，让他自己爬起来，锻炼宝宝克服困难的能力。
- 如果准备给宝宝断奶的话，应尽量避免在冬季和夏季。
- 多鼓励宝宝自己完成某一件事，如：他想要玩具的话，尽可能让他自己拿，培养他的独立性。

•宝宝可能有打人、咬人、甚至拉头发等你不希望他做的行为。此时应保持冷静，不理他，最好是忽略宝宝的行为。

•宝宝有了与小伙伴交往的愿望，父母尽量为宝宝多提供和其他小朋友在一起的机会。

•当宝宝1岁左右或者出齐4颗门齿时，就不要再用棉签而应开始使用牙刷为宝宝刷牙了。

😊 妈妈常见的问题

怎样给宝宝使用花露水？

宝宝皮肤细嫩，容易被蚊虫叮咬，看着宝贝胳膊上、腿上的红肿大包，家长心疼之余，会马上拿来花露水，涂抹在大包上。殊不知，成人花露水中刺激性成分浓度较高，不宜直接抹在儿童皮肤上，在使用前应先用5倍的水稀释。如果条件允许，选择儿童专用的花露水更好些。涂抹花露水时，也不应过量，否则挥发成分会造成儿童体表温度迅速下降，给身体带来不适。

247

怎样让宝宝健康过冬呢？

给宝宝多吃一些热性益补的食物，这样不仅能使身体更强壮，还可以起到很好的御寒作用。应多吃主食，适当吃点羊肉、鹌鹑和海参，此外，动物肝脏、胡萝卜可增加抗寒能力。芝麻、葵花子也是提供人体耐寒的必要元素。

对于怕冷的宝宝来说，主要与机体摄入某些矿物质较少有关。因此，补充富含钙和铁的食物可提高机体的御寒能力。含钙的食物主要包括牛奶、豆制品、海带、紫菜、贝壳、牡蛎、沙丁鱼、虾等；含铁的食物则主要为动物血、蛋黄、猪肝、黄豆、芝麻、黑木耳和红枣等。

● 警惕鸭绒被致敏源

鸭绒被又轻又暖，却常常是荨麻疹的致敏源。不少人盖上鸭绒被，就会引起全身过敏，出现红斑和荨麻疹团块。有的人甚至还会发生哮喘和喉头水肿，医学上叫羽绒过敏症。所以，对皮毛具有特殊过敏反应，或者患有过敏性鼻炎、喘息性气管炎、支气管炎哮喘等过敏性疾患的人，在棉被的选择中就应慎之又慎。

● 慎用电热毯

电热毯对风湿和腰肌劳损有一定理疗作用，但使用时间过长，会引起口干、喉痛、便秘、尿短赤等"内热"现象。为此，使用电热毯最好的方法是电热毯不要直接与人体接触。睡前打开"高温"开关预热，睡时以"低热"保温或关闭，并增加晚餐后的饮水量。

三、和宝宝有关的话题

宝宝成长指标

● 第一周

11个月宝宝体重、身高参考值：
- 男婴体重7.6—11.7kg，身长69.9—79.2cm；
- 女婴体重6.9—11.2kg，身长67.7—77.8cm。

社会发展：
- 会注意任何喜欢的东西。
- 在要求下会亲吻。
- 和父母分开时会有强烈的反应。
- 可能拒绝被喂食。
- 害怕陌生的人和地方。
- 坚持自己吃东西。

生理发展：
- 可以不抓任何东西走一两步

•可借助有轮的玩具走路。

感官与反射：

•偏好用某一手（左手或右手）。

心智发展：

•会辨认图片中的动物。

•对事件可记的较久。

● 第二周

生理发展：

•可轻易自己弯腰到地板上。

感官与反射：

•会拿掉容器的盖子。

心智发展：

•会响应指示。

•可能会说几个字。

社会发展：

•会给玩具和拿玩具。

● 第三周

生理发展：

•会爬上和爬下楼梯。

•可能会从蹲的姿势挺起成站姿。

感官与反射：

•开始学习正确使用玩具，如木栓扳和槌子、电话等。

心智发展：

•没看到东西但记得它最后的位置的话，会寻找隐藏的物品。

社会发展：

•对人和物品表示好感。

•会自己脱衣服。

第四周

生理发展：

- 会站、走和漫游的动作。
- 可能会爬出小床。

社会发展：

- 只睡1次午觉。

心智发展：

- 听得懂大部分对他说的话。

感官与反射：

- 可能会将两样物品放在嘴里去拿另一样物品。

营养食谱

第一周

高汤水饺

原料：面粉、瘦肉馅、青菜、紫菜、鸡汤。

做法：1、菜剁成碎末，挤去水分。瘦肉馅加入酱油、盐、葱姜末拌匀，放入香油、菜末做成馅待用。

2、面粉和成面团，擀成小圆皮，包成小饺子待用。

3、先用开水将饺子煮至八成熟捞出，放入鸡汤内煮，加入盐、紫菜即可。

第二周

牛肉蔬菜燕麦粥

原料：牛肉、菠菜、胡萝卜、番茄、燕麦片、大米。

做法：1、番茄滚水烫过去皮，菠菜洗净。

2、胡萝卜煮五分钟，随后加入牛肉再煮约两分钟熄火，冷却。

3、将所有材料倒入榨汁机中，材料都成糊状时，倒入电饭锅并加2/3碗水，如一般煮粥至熟烂即可。

第三周

香菇胡萝卜鸡肉米饭

原料：香菇、胡萝卜、鸡腿肉、米饭。

做法：1、将鸡腿肉切成小块炖烂。

2、放入洗好的米、香菇煮至烂时放入胡萝卜块或其他绿叶蔬菜，再煮开后即可食用。

第四周

三文鱼菠菜饭

原料：三文鱼、菠菜叶、米饭。

做法：1、菠菜洗净切成碎末，三文鱼蒸熟去骨，鱼肉捣碎。

2、饭煮沸后加入三文鱼泥，转小火继续熬煮。

3、烂后加入菠菜末，煮沸即可。

功效：三文鱼中的不饱和脂肪酸有益大脑发育，但过敏体质宝宝慎用。

宝宝常见的问题

宝宝独自睡觉好吗？

有利宝宝睡眠质量和身体健康

如果宝贝与父母同睡，特别是夹在大人中间，虽然照顾上方便一些，但会给宝贝的健康带来一些损害。睡在大人中间的宝贝，身边堆满大人的厚重衣被，不小心就会压住宝贝；大人睡眠时呼出的二氧化碳会整夜弥漫在宝贝周围，使宝贝得不到新鲜的空气，出现睡眠不安、做噩梦及夜里啼哭的现象；如果与大人一个被窝，大人身上的病菌容易传染给宝贝；有时父母翻身或动弹时还会惊醒宝贝，影响睡眠质量。因此，让宝贝独自睡觉有利于他们的健康。

● 有利于从小培养内心独立

内心能否独立是婴幼儿能否正确认识自我的一项重要指标。研究表明，孩子的独立是从形式到内容的，所谓形式是看得见摸得着的孩子行为方式，而内容则是孩子的内心。让孩子在适龄时与父母分床，有助于独立意识和自理能力的培养，并可促进心理成熟。宝贝在自己一个人待着或在没有大人协助时能够做很多事，如自己跟自己玩耍，和自己说话等等，可以防止长大后对父母过度依赖，并在日后感到孤独寂寞时，儿时的独处经历会帮助他们很快适应周围环境。

● 有利于促进夫妇关系

家里增添了宝贝，家庭生活的重心就都转移到了宝贝身上，好多都是围绕着宝贝的。由此，夫妻之间沟通、交流及相互关心比起以前少了许多。经常是妈咪一到晚上，就要哄宝贝入睡，遇到难缠的宝贝还要哄好长时间。待宝贝入睡后夫妇都已困倦不已，长期下去势必会影响感情。

● 避免形成恋父或恋母情结

宝贝到了3岁左右已经能分清自己是男孩还是女孩了，他们有了最初的性别意识，心理处于一个重要发育阶段。如果长时间不和父母分床睡觉，有可能滋生恋母或恋父情结，导致宝贝日后缺乏自爱、自律，甚至形成性识别障碍。

该如何避免宝宝过敏？

1、尽量避免孩子到花粉多的地方或是刚装修好的房子里玩耍，加强体育锻炼，增强体质。

2、早晚注意防寒、保暖，预防感冒，必要时戴上口罩以防冷空气吸入。

3、少吃或不吃虾、蟹等可能致敏的食物，尤其是海鲜。

4、孩子的床单、被套、衣物以全棉织物为佳，清洗、晾干后用熨斗熨烫，75摄氏度左右的高温下可杀死螨虫。

5、居室内要经常开窗，保证空气的流通。

父母平时应细心观察孩子是否有过敏体质，具体对哪一种物质或食物过敏，或直接到过敏症专科门诊作过敏原皮试，以便有针对性地作好预防工作。对于一些以往有过敏性疾病史的小儿，在季节转换之前可向专业医生咨询，了解和掌握用药知识。

最后，还要特别提醒各位家长，一些以往没有过敏性疾病史的小儿可因呼吸道感染治疗不正规、不彻底而变成过敏体质，所以，一旦孩子出现过敏表现，应尽早到医院就诊，切勿自作主张，贻误病情，给孩子带来不必要的痛苦。

宝宝屁股打针后出现硬结怎么办？

● 热敷

热敷可以促进硬部位的血液循环，加快药液的吸收，起到消散硬块的作用，热敷越早进行效果越好。方法是将毛巾或纱布叠成方块，浸入60－70度的热水中，稍稍拧干并敷在硬结部位。每5分钟更换一次，时间约20－30分钟，每天至少1－2次。若同时配合按摩则效果更好。

● 硫酸镁溶液外敷

目的是使局部肌肉放松，血管扩张，血流加快，促进药液吸收，使硬块变软消散。方法是去药房买50%的硫酸镁溶液，每次取50毫升倒入搪瓷碗内，加热水10毫升，然后用纱布或小毛巾三块浸在溶液中，取出一块稍拧干，以不滴水为度，敷在硬结处，交替使用。每5分钟更换一次，约敷14－20分钟，每天2－3次。

● 艾叶煎水敷

艾叶有理气血、逐寒湿、温经止痛的功效。方法：将艾叶30克加水300毫升煎煮，煮沸待温后，将毛巾或纱布浸湿敷在硬结处，每隔3－5分钟更换1次，每次热敷30分钟，一日2次。

● 松节油外敷

松节油有舒筋活络、活血、消肿作用。方法：取松节油1份加温水8份，用纱布浸湿敷硬结处，最好在纱布上覆盖热水袋5－10分钟，每天1－2次。

宝宝流鼻血怎么办？

当宝宝流鼻血时，父母首先必须镇定。因为父母的紧张情绪非常容易影响到孩子；一旦孩子也跟着紧张，血压就会升高，从而加重了流鼻血。

还要注意的是，过去在孩子流鼻血时，都要求孩子头后仰，这样做很容易让孩子吞入鼻血或呛到。我们应该要做的是，让孩子采取直立坐姿，稍微前倾，头微微朝下；然后用大拇指和食指轻捏住孩子的鼻翼，一般在约五分到十分钟后，血就会止住。

这时，孩子不能跑、跳，或激烈的运动、或搓揉鼻子，甚至把鼻子里凝结的血块挖掉，这样做很容易让鼻血继续流出来。如果上述止血方法无用，就必须向医生求救了。通常医生会用沾有止血药的棉纱放入鼻腔内，以达到止血的效果。

😊 亲子互动游戏

🔵 第一周

沙子是宝宝很好的触觉训练玩具，玩沙子可以练习宝宝抓、握的能力。

沙子藏猫猫游戏：家长和宝宝一起玩沙子的时候，可以当着宝宝的面，在沙子里藏起一个小玩具。让宝宝看，玩具藏起来不见了，然后让宝宝动手去沙子里面找出玩具。这个游戏可以提高宝宝的胆量和解决问题能力，最重要的是，让宝宝了解到不是所有的东西看不见就是没有了。

🔵 第二周

配合穿衣的游戏能帮助宝宝学习自理能力，为以后自己穿衣服做准备。另外，能够听懂大人的语言，掌握"伸"的动作。

当家长为宝宝穿上衣的时候，可以要求宝宝配合把手"伸"到袖子内。如果宝宝还不能完成，家长一边说"伸袖子"的时候，一边帮助宝宝把手臂伸到袖子里。如果宝宝能做到，每次都要及时鼓励，促进宝宝配合动作的积极性。穿裤子的方法也是一样的。要注意的是，家长跟宝宝说指令语言的时候，要像做游戏一样的语调和语速，不要用命令的口吻。

● 第三周

宝宝是不是越来越喜欢颜色了呢？本周可以给宝宝准备一些无毒的彩色颜料，一些大的白纸，让宝宝双手双脚都沾上彩色的颜料，在白纸上，自由的创作吧。当宝宝看见手上有颜料的时候会很奇怪，当手上的颜料印在白纸上渐渐形成图画的时候，宝宝会非常的兴奋，而且非常的有成就感。这个游戏可以满足宝宝的好奇心，并为宝宝涂鸦做准备。

● 第四周

影子游戏可以在室内玩也可以在室外玩。当阳光充足的时候，背对着阳光，坐在宝宝身旁挥舞手臂，宝宝便能看见影子在你们面前的墙上或者地上移动的样子。接下来可以让影子慢慢的移动到宝宝的手臂上、腿上，让宝宝去抓影子。这个游戏可以提高宝宝视觉追踪的能力，增强好奇心。

宝宝本月成长记录	
体重	
身高	
头围	
囟门	
牙齿	
饮食	
活动	
大便	
睡眠	
其他情况	

第十四章　关于小儿疫苗接种

所谓预防接种，就是将人工制成的各种疫苗，采用不同的方法和途径接种到宝宝体内。疫苗的接种就相当于受到一次轻微的细菌或病毒的感染，迫使宝宝体内产生对这些细菌或者病毒的抵抗力，经过如此的锻炼，宝宝再遇到这些细菌或病毒时就不会有相应的传染性或感染性疾病了。

宝宝6个月后，从母体得到的免疫力逐渐消失，一旦受到细菌、病毒的侵害，很容易得传染病。婴幼儿患了急性传染病，不仅会影响生长发育，严重的可致残或危及生命。宝宝出生以后，需要按次序进行预防接种。只要爸爸妈妈们记得给宝宝接种按时所需的疫苗，那么在未来的岁月里，宝宝便可以健康快乐地成长。

计划内疫苗接种时间表

计划内疫苗(一类疫苗)是国家规定纳入计划免疫，属于免费疫苗，是从宝宝出生后必须进行接种的。

计划免疫包括两个程序：一个是全程足量的基础免疫，即在1周岁内完成的初次接种

二是以后的加强免疫，即根据疫苗的免疫持久性及人群的免疫水平和疾病流行情况适时地进行复种。

接种时间	接种疫苗	次数	可预防的传染病	接种时间	接种疫苗	次数	可预防的传染病
出生24小时内	乙型肝炎疫苗	第一针	乙型病毒性肝炎	9月龄	A群流脑疫苗	第二针	流行性脑脊髓膜炎
24小时内	卡介苗	初种	结核病		百白破疫苗	第四次	百日咳、白喉、破伤风
1月龄	乙型肝炎疫苗	第二针	乙型病毒性肝炎	1.5～2岁	麻疹（或麻风腮）	第二次	麻疹（风疹、腮腺炎）
2月龄	脊髓灰质炎糖丸	第一次	脊髓灰质炎（小儿麻痹）		脊髓灰质炎糖丸	加强	脊髓灰质炎（小儿麻痹）
3月龄	脊髓灰质炎糖丸	第二次	脊髓灰质炎（小儿麻痹）		乙脑疫苗	加强	流行性乙型脑炎
	百白破疫苗	第一次	百日咳、白喉、破伤风	3岁	A群流脑疫苗，也可用A+C流脑加强	第三针	流行性脑脊髓膜炎
4月龄	脊髓灰质炎糖丸	第三次	脊髓灰质炎（小儿麻痹）	4岁	脊髓灰质炎疫苗	加强	脊髓灰质炎（小儿麻痹）
	百白破疫苗	第二次	百日咳、白喉、破伤风		麻疹（或麻风腮）	第三次	麻疹（风疹、腮腺炎）
5月龄	百白破疫苗	第三次	百日咳、白喉、破伤风	6岁	精白破	第一次	百日咳、白喉、破伤风
6月龄	乙型肝炎疫苗	第三针	乙型病毒性肝炎		乙脑疫苗	初免两针	流行性乙型脑炎
	A群流脑疫苗	第一针	流行性脑脊髓膜炎		A群流脑疫苗	第四针	流行性脑脊髓膜炎
8月龄	麻疹（或麻风腮）	第一针	麻疹（风疹、腮腺炎）	12岁	卡介苗	加强农村	结核病
	乙脑疫苗	非活第一、二次	流行性乙型脑炎				

计划外疫苗接种时间表

257

除国家规定宝宝必须接种的疫苗外，其他需要接种的疫苗都属于推荐疫苗，也就是计划外疫苗，这些疫苗都是本着自费、自愿的原则，家长可以有选择性的给宝宝接种。

计划外疫苗所针对的传染病，有些是属于地方或局部流行的（如出血热等）；有属于自限性疾病，可自行痊愈（如风疹、水痘）；有的对健康宝宝并无大碍，只对体弱多病的宝宝造成威胁。

体质虚弱的宝宝可考虑接种的疫苗	
流感疫苗	对7个月以上、患有哮喘、先天性心脏病、慢性肾炎、糖尿病等抵抗疾病能力差的宝宝，一旦流感流行，容易患病并诱发旧病发作或加重，家长应考虑接种。
肺炎疫苗	肺炎是由多种细菌、病毒等微生物引起，单靠某种疫苗预防效果有限，一般健康的宝宝不主张选用。但体弱多病的宝宝，应该考虑选用。
流行高发区应接种的疫苗	
B型流感嗜血杆菌混合疫苗 (HIB疫苗)	世界上已有20多个国家将HIB疫苗列入常规计划免疫。5岁以下宝宝容易感染B型流感嗜血杆菌。它不仅会引起小儿肺炎，还会引起小儿脑膜炎、败血症、脊髓炎、中耳炎、心包炎等严重疾病，是引起宝宝严重细菌感染的主要致病菌。
轮状病毒疫苗	轮状病毒是3个月～2岁婴幼儿病毒性腹泻最常见的原因。接种轮状病毒疫苗能避免宝宝严重腹泻。
狂犬病疫苗	发病后的死亡率几乎100%，还未有一种有效的治疗狂犬病的方法，凡被病兽或带毒动物咬伤或抓伤后，应立即注射狂犬疫苗。若被严重咬伤，如伤口在头面部、全身多部位咬伤、深度咬伤等，应联合用抗狂犬病毒血清。
即将要上幼儿园的宝宝考虑接种的疫苗	
水痘疫苗	如果宝宝抵抗力差应该选用；对于身体好的宝宝可用可不用，不用的理由是水痘是良性自限性"传染病"，列入传染病管理范围。即使宝宝患了水痘，产生的并发症也很少。

疫苗接种前，爸爸妈妈要做些什么呢？

1、打疫苗前给宝宝洗澡，换干净衣服。

2、向医生说明宝宝的健康状况，如有无发烧、有无风疹以及慢性疾病，以便医生判断有无接种的禁忌症。

3、接种糖丸（脊髓灰质炎减毒活疫苗糖丸）前半小时内不能吃奶、喝热水。

疫苗接种后，爸爸妈妈可要细心呵护宝宝哦，一定要做到以下几点：

1、接种后在医院观察15—30分钟。

2、注射疫苗当天不要洗澡，不要进行剧烈运动，注射部位保持皮肤清洁。

3、不要吃有刺激性的东西，如大蒜。

4、多喝开水、吃水果蔬菜。

5、接种部位反应较严重可用毛巾热敷，卡介苗出现红肿不用热敷。也可用土豆片贴在红肿部位，但要避开针眼。

以上的知识，爸爸妈妈们都掌握了吗？宝宝1岁以前，没有什么能比预防免疫更重要的事情了。但是还是有很多年轻的爸爸妈妈们，没有重视对宝宝的免疫接种，漏打、错打针的现象时有发生，甚至不少爸爸妈妈们自作主张地帮宝宝"省略"了这一环节。现在爸爸妈妈们要做的就是，尽量按照计划免疫程序进行接种，可根据宝宝实际情况选择扩大免疫的计划外疫苗。这样既可保护孩子免受传染病之害，也可以有效避免接种疫苗的某些疫苗的副作用而让宝宝免受伤害。